≥ 尚锦手工耶鲁手作系列 ≤

# 猫物集
## 钩编温暖的家

日本株式会社无限知识 / 编著

叶宇丰 / 译

中国纺织出版社有限公司

# 和猫咪一起生活的家

每天陪伴左右的猫咪

是家庭中不可缺少的一员

想将它每天生活的空间变得舒适

想给它比现在更合适舒心的空间

于是团队开始着手设计猫窝和床


从柔软的布条线、源自天然素材的麻线

到短时间内就能钩编完成的超粗线

运用各种各样的线材来钩织猫窝或床

送给你最爱的猫咪吧


希望本书可以为你的爱猫增加一个中意的居所

# 猫咪模特介绍  协助拍摄的猫咪们

**大酱** ♂
苏格兰立耳猫
约1岁　2.5公斤
封面, P8, 11, 14, 18,
19, 21, 24, 25, 27, 29,
30, 34, 38 ~ 43, 46

**Jijio** ♂
苏格兰立耳猫
1岁　4.5公斤
P2, 11, 13, 14, 24 ~ 26,
28, 42, 46

**Souma** ♂
索马里猫
约1岁　2.8公斤
P13, 35, 44

**Stella** ♀
孟加拉猫
约1岁　3公斤
P10, 15

**扇贝** ♂
苏格兰高地立耳猫
1岁　3.6公斤
P10, 44

**Ganmo** ♂
苏格兰立耳猫
约1岁　3.2公斤
P12

**秋刀鱼** ♂
布偶猫
约1岁　3.4公斤
P16, 17, 20

**藤子** ♀
波斯猫
约1岁　2.5公斤
P17

**Oreo** ♂
曼赤肯猫
约1岁　2.4公斤
P35

**Hasuki** ♀
曼赤肯猫
2岁　3.4公斤
P20, 36, 37

**Teto** ♀
挪威森林猫
1岁　5.3公斤
P20, 44

**Norisuke** ♂
缅因猫
约1岁　3.6公斤
P44

Nino ♂
P20

Hachi ♀
P5, 20

Taro ♂
P3, 6, 7, 32

# 目录 / Contents

# 猫窝的种类和特征

**本书主要介绍以下三种类型的猫窝。按照爱猫的喜好或性格来选择适合它的款式吧！**
**完成后尺寸采用标准尺寸计算。**

直径31~37cm

## 开放型 ▶

**床和篮子 / Bed & Basket**

上方没有覆盖的开放式形状，以方便猫咪窝在其中的圆形为主流。鉴于有些猫咪不适应上方有所遮盖的封闭型猫窝，这种开放的款式适合所有猫咪。制作较为简单、不必花费太多时间也是优势之一。

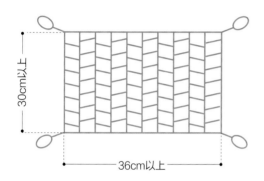

30cm以上

36cm以上

## 挑高型 ▶

**吊床和吊篮 / Hammock & Hanging basket**

挑高型的猫窝适合喜欢待在高处的猫咪，可以防身及躲避敌人，也能容易地观察四周。这种设计可以很好地贴合猫咪的身体，是能让猫咪舒心放松的款式。可以选择市面上的吊床架来支撑。

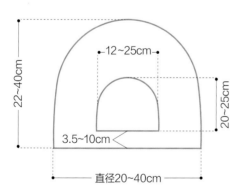

22~40cm

12~25cm

20~25cm

3.5~10cm

直径20~40cm

## 半封闭型 ▶

**圆顶和窝 / Dome & House**

上方有房顶覆盖，除了开口处以外都为封闭状态，是喜欢暗处和狭窄处的猫咪会觉得安心的款式。由于此构造能使热气不容易散开，特别适合怕冷的猫咪在冬天使用。也有不喜欢半封闭型猫窝的猫咪，不要勉强它进入猫窝哦！

## 确认成年猫的标准尺寸吧！

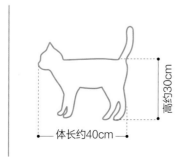

高约30cm

体长约40cm

好困喵

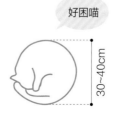

30~40cm

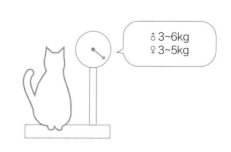

♂ 3~6kg
♀ 3~5kg

开放型 ▶

# 床和篮子
## Bed & Basket

# 猫耳圆形床 ／ Circle Bed

制作时间：3 天

※ 每个作品的制作时间为大致时长。
　 按照自己的进度来钩织吧。

从中心开始一圈圈向外钩织圆形，作为基
础款式很容易上手。边缘加入定型丝后翻
折，增加了厚度，更有助于保持形状。

直径 32~33cm，高度 10cm
小鱼靠垫 长度 25cm
使用线材
HAMANAKA Jumbonnie
eco-ANDARIA＜段染＞
HAMANAKA Of course！Big

设计＆制作　市川美雪

制作方法 >> P49, 50

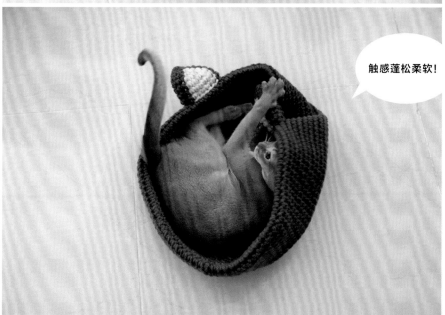

触感蓬松柔软！

# 茶杯造型床 ／ Teacup Bed

制作时间：3 天

趣味十足的可爱茶杯造型床，可以成为房间的亮点。
空间足够大，说不定猫咪会不假思索地跳进去哦！

直径 31cm，高度 15cm
使用线材 Hooked Zpagetti

设计＆制作　金子美也子（Miya）
制作方法 >> P52

毛茸茸的猫咪
也爬进去了呢！

不使用的时候也能成为房间装饰的篮子造型床。
与圆形底相比更节省空间，
可以放置在柜子或飘窗等窄小的空间。

27cm×37cm×10cm
使用线材 Hooked Zpagetti

设计 & 制作　**Ronique**
制作方法 >> P54

## 椭圆形篮子 ／ Oval Basket

制作时间：1 天

## 摇篮床 ／ Cradle Bed

制作时间：1天

在摇篮造型的小床中被温柔地包裹住，猫咪
也不知不觉睡眼朦胧了。
藤蔓一般的边缘，使用扭短针钩织而成。

14cm×36cm×21cm
使用线材 Hooked Zpagetti

设计 & 制作　**Ronique**
制作方法 >> P56

无论什么姿势，
头部都能方便地
倚靠在凹陷处哦！

# 圆形床 ／ Round Bed

制作时间: 1 天

前方凹陷的设计，不但便于出入，猫咪的头和猫爪也可以很方
便地靠在上面。
侧面用粗线钩织了结实的边缘并做翻折处理，可以安心倚靠。

直径 36cm，高度 11cm
使用线材 Hooked Zpagetti

设计 & 制作　**Ronique**
制作方法 >> P58

# 面包床 ／ Toast Bed

制作时间：1周

就像面包一样
软绵绵的!

让面包造型的小床成为爱猫的专用特等席吧!
塞入棉花的小床蓬松柔软，如果猫咪钻进去的话，
可爱的猫咪三明治就完成啦!

63cm×48cm×10cm
使用线材 HAMANAKA Jumbonnie

设计＆制作　藤田智子
制作方法 >> P64

荷包蛋被子下方
有足够大的空间
来容纳猫咪。

**手编猫窝罩**

# Crochet Cover

充分享受改造的乐趣，
可以套在市面有售的猫窝外面的手编罩子。
配合家装和季节来制作不同的猫窝罩吧！

## 冬季款猫窝罩 ╱ Winter Cover

制作时间：1天

采用适合冬天的超粗线，
短时间内便能轻松织成。
类似平针的短针花样，
与高雅的室内装潢也非常相配。

直径 37cm，高度 13.5cm
使用线材 HAMANAKA FUTTI

设计 & 制作　**金子美也子（Miya）**
制作方法 >> P60

内芯为受猫咪喜爱的 GARIGARI 圆形猫抓板（Aim-Create）标准型（直径 37cm）。采用了磨爪时也不会飞屑的设计。包含图中的茶色和红色，全 4 色可选。
●制作方法中也介绍了调整尺寸的诀窍。

## 拼色款猫窝罩 ／ Multcolor Cover

制作时间：1 天

可以选择与毛色或
瞳色一致的线材，
真正体现了手工的妙趣。
来钩织世界上独一无二的款式吧！

直径 37cm，高度 13.5cm
小鱼靠垫（P8 的作品）
使用线材 Hooked Zpagetti

设计 & 制作　**金子美也子（Miya）**
制作方法 >> P61

与蓝色的眼睛
很相称吧！

罩子可以根据喜好上下翻转，里外翻转
也可以哦！

节日期间，稍稍花些工夫来做
富有装饰感的猫窝罩吧!
躺在塞有棉花的万圣节款小窝里，
猫咪也是幸福感满满呢!

直径 37cm，高度 15cm
使用线材 HAMANAKA Bonnie

设计 & 制作　**金子美也子（Miya）**
制作方法 >> P62

## 万圣节款锯齿猫窝罩／Halloween Zigzag Cover

制作时间：3 天

想体现少女风格的话，可以换成
柔和色系。
制作方法 >> P62

# 用少量线材  即可钩织的猫咪玩具

**可以与猫窝一起制作，在空余时间用余线就能完成的小物品。**

作为抱枕
也很合适呢！

## 靠垫

制作方法 >> P49

与猫窝最相称的就是靠垫了。对于喜欢与身体有密切接触感的猫咪来说，靠垫可以填充猫窝中的空余空间，使它享受更加舒适的姿势。此外，也可以单独作为枕头或者玩具来使用，一定要尝试着做一下！

设计 & 制作　市川美雪

大小正好，富有弹性的
鱼形靠垫

像捕获猎物般往上踩，
不愧是猫咪喜爱的
游玩方式。

### 喜欢卧枕的猫咪

是不是经常看到猫咪休息的时候，把头枕在遥控器、书本之类的小物件上呢？对于是何缘由虽有诸多说法，但不管怎样猫咪的确非常喜欢枕头。除了制作代替枕头的靠垫之外，将猫窝的边缘钩织得结实可倚靠，也是制作猫窝的重点之一。

# 逗猫玩具

制作方法 >> P75

用少量余线就可制作的逗猫玩具，可以
改善缺乏运动和互动不足的症状。猫咪
的游玩是捕猫的延续，所以很容易对活
动的东西产生反应，将逗猫玩具制作成
便于翻滚和抓取的大小吧！

用余线制作的逗猫玩具。
装上长绳，从而获得更宽阔的活动范围。

紧紧盯住眼前
摇动的小球。

将线绑在一起的玩
具，可以模仿挥动的
小虫翅膀。

同样的针数和行数，用粗线可以
制成如左边小球般较大的尺寸。

找准时机……
抓住！

21

## 猫窝小贴士 1  放在猫咪喜欢的位置

**想让猫咪自然而然地去使用刚制作完成的猫窝，
首先试着将它放在猫咪喜欢的位置吧。**

### 高处

外敌较少且容易发现"猎物"的高处，是让猫咪觉得非常安心的场所。由于猫咪的一天中大部分时间都在睡觉，建议主人将猫窝放在猫咪可以安心入睡的场所。也听说过这样的例子，有的猫咪不肯使用放在地板上的猫窝，但将它放在家具上或是稍高的地方后，便愿意去使用了。

### 窗边

现在有很多完全养在室内的猫咪，通过观察窗外的风景，可以适度地获得新鲜感或是转换心情。阳光透过窗户照射进来，形成了一个十分惬意舒适的空间。窗边的温度会随着季节的不同而变换，主人可以在观察猫咪平时活动方式的基础上，试着在飘窗等可以看到窗外风景的位置摆放猫窝。

猫咪擅长跳上跳下，就算是较高的空间也无所畏惧。

阳光照进来，暖洋洋的。

### 安静的场所

圈地意识强的猫咪，喜欢安静隐蔽的空间。有这样的空间，就算突然有客人来访也能及时躲避，与猫咪一起生活的话也需要考虑到这一点。但如果猫咪完全隐藏起来，就无法确认它的身体状况，将猫窝安置在视线范围内会比较放心。

### 拥有多个猫窝也可以！

猫咪的行动方式会根据情绪和身体状况而改变，此外，适应新的猫窝也需要一定的时间。可以摆放多个猫窝，让猫咪自己来选择喜欢的款式。

躲在家具下面就安心了。

在家里巡逻是我每天的功课。今天在哪里休息比较好呢？

挑高型 ▶

# 吊床和吊篮

## Hammock & Hanging basket

# 圆形吊床 ／ Round Hammock

制作时间：1 天

将钩织的网状织片安装到市面可以买到的架子上，
制作成吊床。
由于使用了富有弹性的线材，
可以很好地贴合猫咪身体。

大直径 44cm 小直径 36cm
使用线材 Hooked Zpagetti

设计 & 制作　**越膳夕香**
制作方法 >> P68

选择适合猫咪身体
大小的架子吧!

大小吊床的钩织方法相
同,根据架子的直径调
整行数即可。

# 方形吊床 ／ Square Hammock

制作时间：1 天

在脏衣篮架子上安装方形织片，制成方形吊床。
从比平时视野高的地方往下看，
房间的景色仿佛也有所不同，
猫咪也会觉得特别新鲜吧！

吊床 30cm×90cm
靠垫 14cm×24cm
使用线材 Hooked Zpagetti

设计 & 制作　**越膳夕香**
制作方法 >> P70

# 方形篮子吊床 ／ Square Basket Hammock

制作时间：1 天

在篮子上安装织片制作而成的吊床。
造型美观，也可以作为室内的装饰。
织片的钩织方法与第 26、27 页相同，
只需改变针数与行数。

吊床 32cm×48cm
小球直径 8.5cm
使用线材 Hooked Zpagetti

设计 & 制作　**越膳夕香**
制作方法 >> P70, 75

# 水滴造型吊篮 ╱ Teardrop Hanging Basket

制作时间：1天

大尺寸比较重，
挂起来的时候
要用结实一点
的挂钩哦！

从后面看也是可爱的
猫耳造型。可以选用
与猫咪耳朵一致的颜
色来制作哦！

水滴形的篮子结构稳定，
不但可以挂起来作为吊篮，
也可以直接放在地上使用。
小尺寸适合小猫，
也能用来收纳猫咪的玩具。

大 31cm×19cm 小 25cm×16cm
使用线材 Hooked Zpagetti

设计 & 制作　**金子美也子（Miya）**
制作方法 >> P72

# 重点课程 🐈 吊床

## 圆形款

**将架子的框架包入钩织**

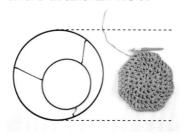

先准备一块比架子的框架小一圈的织片。

**重点**
如果织片尺寸与框架相同，猫咪爬入时可能会因为下坠过多而感到害怕。

如果使用的架子尺寸与本书中不同，可以调整织片的大小。
▶调整尺寸的方法参照 P69。

**1**

钩 1 针起立针后，织片紧贴框架，钩针从框架下方入针，钩第 1 针短针。

**2**

第 1 针短针完成后的样子，框架被包裹进去了。

**3**

重复钩织 1 针锁针 1 针短针，一边钩一边包入框架，直至 1 圈钩织完毕。
**重点**
如果框架被支柱划分成若干份，可将针数均分后钩织 ( 图中为 3 等分 )。

## 方形款

除了本书中介绍的物品外，还可利用以下工具。
▶与尺寸对应的针数、行数参照 P70。

**纸管 ( 牛皮纸 ) 架**
用杂货店可以购买到的纸管组装成架子，在上方安装织片。

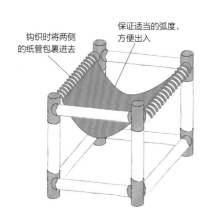

钩织时将两侧的纸管包裹进去

保证适当的弧度，方便出入

**织片+金属钩**
在织片四角的环中穿入龙虾扣 ( 或龙虾扣 +D 字扣 ) 或挂钩，将织片吊起制成吊床。

绳子和环的钩织方法

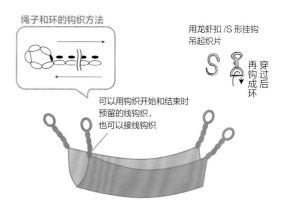

用龙虾扣 /S 形挂钩吊起织片

S 再钩成环 穿过后

可以用钩织开始和结束时预留的线钩织，也可以接线钩织

# 用粗绳制作猫窝

本书介绍了各种各样钩编款式的猫窝,你知道吗?还有用更粗更结实的绳子来制作猫窝的方法。将绳子一圈圈卷起,用黏合剂固定即可。

谁都能简单上手,试着全家一起来制作吧!

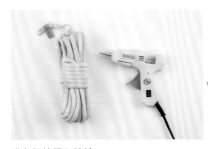

准备好棉绳和胶枪。
※ 图中的棉绳为 1 捆 8m 长( 直径 8cm),可在手工用品店购买到。

在棉绳侧面( 卷入的一侧) 涂上胶水。

将涂好胶水的部分卷起,再继续往后涂胶水。

一边涂胶一边卷到所需直径。棉线用完时,可将新旧两绳的末端对接后继续卷。

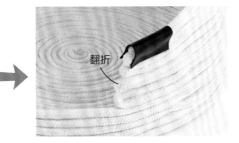

翻折

侧面将棉绳重叠,继续往上卷。需制作开口时,可以通过翻折棉绳来实现。结尾部分用皮革等粘合固定。

可以作为
第二个家哦!

半封闭型 ▶

# 圆顶和窝

## Dome & House

不由得想钻进去！

## 海苔卷猫窝 ／ Sushi Roll

制作时间：3 天

海苔卷造型的圆筒猫窝，
非常适合喜欢狭窄空间的猫咪。
为了猫咪钻进去后不被撞到，
各处都塞入了填充棉。

直径 22cm，长度 35cm
使用线材 HAMANAKA Bonnie

设计 & 制作　**金子美也子（Miya）**
制作方法 >> P80

# 蛋糕卷猫窝 ／ Swiss Roll

制作时间：3 天

在第 34 页的基础上进行改造，
做成蛋糕卷的形状。
被美味的蛋糕所包围的样子，
真是可爱至极。

直径 22cm，高度 27cm
使用线材 HAMANAKA Bonnie

设计 & 制作 　金子美也子（Miya）
制作方法 >> P80

# 两用猫窝 ／ 2 Way house

制作时间：3 天

翻折三次后可作为床使用，
展开后便成了包袋，
是一款能快速变换的猫窝。
带猫咪去医院等地的时候，
可作为外出包使用，十分便捷。

直径 40cm，高度 26cm
（翻折后高度 10cm）
使用线材 marchen-art
Manila Hemp Yarn

设计 & 制作　越膳夕香
制作方法 >> P76

遇到不认识的人
可以躲起来哦!

只需将袋口翻折三
次,无需取下包绳。

床

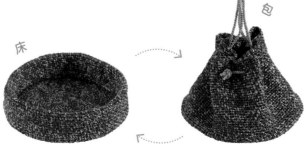

包

猫咪在包内时,将袋口展
开后收紧包绳,则成了外
出包。可以平稳地进行
搬运。

圆顶

## 三用猫窝 ／ 3 Way house

制作时间：1 周

可展开，可折叠。
能根据猫咪的心情和喜好
变换使用方式的三用猫窝。
使用 100% 天然蕉麻的 Manila 线材，
即使脏了也非常易于清洗。

直径 40cm，高度 17cm
（翻折后高度 8.5cm）
使用线材 marchen-art
Manila Hemp Yarn

设计 & 制作 **越膳夕香**
制作方法 >> P75, 76

床

包

## 汉堡包圆顶猫窝 ／ Hamburger Dome

制作时间: 1周

将面包、生菜、汉堡肉、鸡蛋、芝士叠在一起,
制作成汉堡包猫窝。
爽脆的生菜和溢出的芝士好像真的一样,
钩织褶边装饰来完善细节部分,
美味的家就完成啦!

直径36cm,高度34cm
使用线材 HAMANAKA　Jumbonnie

设计＆制作　**藤田智子**
制作方法 >> P82

# 杯子蛋糕圆顶猫窝 ／ Cupcake Dome

制作时间：1 周

与第 40 页的汉堡包猫窝结构相同，
做成了草莓杯子蛋糕的造型。
适合在生日或是节日的时候作为礼物赠送。
饱含对猫咪的爱意，感谢它成为家庭的一员，
带着这样的心情，为它制作一个独一无二的猫窝吧！

直径 36cm，高度 40cm
使用线材 HAMANAKA　Jumbonnie

设计 & 制作　**藤田智子**
制作方法 >> P86

可以在猫窝中放入手编坐垫。
杯子蛋糕搭配草莓奶油，
汉堡包则放入番茄切片。

## 猫窝小贴士2  大型猫的情况下

本书中介绍的猫窝尺寸为常规大小，
体形较大的猫使用时，情况会有所不同。

### 圆筒形 ╳ 挪威森林猫

推荐指数 🐾

对洞口充满好奇。

以为能钻进去，结果露出了一半身体的模样。

### 床型 ╳ 苏格兰折耳猫、挪威森林猫

推荐指数 🐾 🐾

坐下时尺寸刚刚好！

放松时，露出前脚的样子。

这只猫咪则是将后脚放在了外面。

### 篮子形 ╳ 缅因猫

推荐指数 🐾 🐾 🐾

毛发浓密的猫咪，被什么事物吸引过去了？

原来是篮子形状的摇篮！蜷缩成团，连尾巴都能轻松放进去！

有足够的深度，安心了！

# 猫窝的主要用线 实物等大

※ 为方便读者参考，全书线材型号均保留英文。

## A DMC Hoooked Zpagetti

循环利用衣服布料制作而成的布条线。具有
伸缩性，是可以轻松钩织的粗线。颜色和花样、
质感会根据时下流行而变化。
再生棉，1 团约 120m。

## B DMC Hoooked RIBBON XL

与 Zpagetti 线材相同，用再生布料制作而成
的扁带线，比 Zpagetti 更轻。由于是将布料
重新染色再制作的，可以买到同色同质地的
线材。
再生棉，全 26 色，1 团约 250g（120m）。

## C marchen-art Manila Hemp Yarn

由丰富质感的蕉麻制作而成的天然线材。柔
软易钩织，成品较轻盈。经过防泼水加工，
可清洗。
蕉麻 100%，全 22 色，1 团约 20g（50m）。

## D HAMANAKA eco-ANDARIA ＜段染＞

将纸浆作为原材料制作而成的天然线材。有
着拉菲草般爽滑的触感，易于钩织。
人造纤维 100%，单色全 55 色，段染全 12 色，
1 团约 40g（80m）。

## E HAMANAKA Bonnie

腈纶材质制成，柔软蓬松且不缩水。带有抗
菌防臭加工，更加清洁卫生。
腈纶 100%，全 59 色，1 团约 50g（60m）。

## F HAMANAKA Jumbonnie

约为 Bonnie 线材的两倍粗，能快速钩织出
质感饱满的作品。
腈纶 100%，全 32 色，1 团约 50g（30m）。

## G HAMANAKA FUTTI

可用于手腕编织的超粗线，在短时间内就能
编织完成。既柔软又具有保暖性，适合编织
冬季用品。
羊毛 50%，腈纶 50%，全 6 色，1 团约 150g
（37m）。

A、B 全年适用，C、D 适
合春夏季节，E~G 适合
秋冬季节。也有怕冷或怕
热的猫咪，可不拘季节选
择适合自己的线材。

A、B DMC株式会社
地址：101-0035 东京都千代田区神田绀屋町13号地 山东大厦7F

C marchen-art株式会社
地址：130-0015 东京都墨田区横纲2-10-9

D~G HAMANAKA株式会社
地址：616-8585 京都府京都市右京区花园薮之下町2-3

45

# 作品的制作方法

# 开始——关于尺寸

## 与作品尺寸相同时

想要钩织与本书作品相同尺寸的猫窝时，可参考各个作品中记载的钩织密度。

钩织密度为 10cm×10cm 的方形织片中的针数和行数，密度会根据针脚的大小而变化。

钩织密度的测量方法为，钩一块 15cm×15cm 的织片，取中央 10cm×10cm 的部分数出针数和行数。比指定针数和行数少时，说明钩得较松，比指定针数和行数多时，说明钩得较紧。

## 与作品尺寸不同时

想要稍稍调整作品大小时，使用比指定钩针小的针号，成品会较小些；使用比指定钩针大的针号，成品则较大些。若要进行大幅调整，则需要改动针数和行数。

# 制作猫窝的技巧指南

## 定型丝的使用方法

用于维持作品的形状，在钩织过程中将定型丝包裹进去。

可用手弯曲成所需形状的芯材。有 0.7mm 和 <L> 款的 1.4mm 可选。

定型丝（H204-593）0.7mm/HAMANAKA

定型丝 <L>（H430-058）1.4mm/HAMANAKA

用于处理 0.7mm 定型丝的首尾连接处。套在首尾处用吹风机加热后收缩固定。

※<L> 款 1.4mm 定型丝无法塞入热缩管中，可用透明胶带代替。

热缩管（H204-605）/HAMANAKA

### ■ 包裹 1 根钩织时

将定型丝的一端弯折，顶部拧成小环。图中的 <L> 款 1.4mm 定型丝用透明胶带固定。

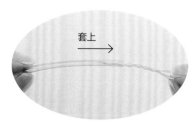

0.7mm 定型丝的一端拧成环后塞入热缩管中，用吹风机加热后收缩固定。

在一行的起始处钩锁针作为起立针，加入定型丝钩织。

包裹住定型丝。按照同样的方法继续钩织。

钩织到此行结束的前 5 针左右，将定型丝剪断，穿过起始处的小环后拧好固定，首尾连接处理完成。

接着将此行钩织完成。定型丝被完全包裹进去。

47

## ■包裹 2 根钩织时

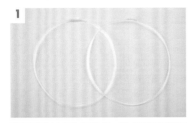

**1** 剪出所需长度的定型丝，卷成环后用透明胶带固定首尾。制作相同的 2 根。

**2** 重叠 2 个圆环，选择 5、6 个点用透明胶带牢牢固定。定型环制作完成。

**3** 钩织时将环包裹进去。钩织开始时从定型环下方入针将线钩出，接着钩锁针作为起立针。

**4** 同样地，从环下方入针钩出线，一边钩织一边包裹住定型环。

**5** 1 圈完成后的样子。在钩织过程加入定型环的方法也相同，沿着环一边钩织一边包裹即可。

如果两根定型丝都用第 47 页拧成环的方式连接两端，连接处的针脚会显得过于膨胀，所以选择胶带粘贴连接即可。

---

### 其他小技巧 · 在不同的作品中推荐掌握的一些小技巧

#### 圈织时线头的处理 **锁链连接**

**1** ※ 为了便于理解，用不同颜色的线材进行演示。

圈织到最后 1 行的最后 1 针，无需在第 1 针上引拔，将钩针上的线圈拉出 15cm 左右剪断。

**2** 穿上缝针，从前往后穿过第 1 针顶部的 2 根锁针线。

**3** 接着穿过最后 1 针的外侧半针。

**4** 拉紧线，起始和结尾的两针便连接在了一起。在织片的背面藏好线头，剪掉多余部分。

#### 钩织多根线时 **线的整理方法**

分别取出指定线材的线头，捋顺后合在一起钩织。

#### 线材较软时 **加固的方法**

可将喷雾型定型胶水等喷在刚完成的作品上用来保持形状。如果是可清洗的线材，可在清洗并晾干后再喷上胶水进行定型。

# P8 小鱼靠垫

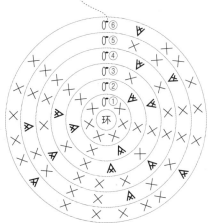

11cm
25cm（19行）

**线和材料**

**＜红色款＞**
· HAMANAKA Of course! Big
白色（101）55g 红色（112）32g
黄色（115）32g
· 填充棉 100g

**＜蓝色款＞**
· HAMANAKA Of course! Big
蓝色（117）55g 黄色（115）32g
绿色（113）32g
· 填充棉（HAMANAKA clean
watawata H405-001）100g

**针**
大号钩针 8mm 手缝针

**钩织密度**
8针 ×10 行（10cm×10cm）

**钩织方法**
1. 取 2 根线，＜红色款＞由白色线环形起针开始钩织，＜蓝色款＞由蓝色线环形起针开始钩织，用指定的线材钩织头部。
2. 钩好头部后，参照表格一边换线一边继续钩织身体至 17 行，塞入填充棉。第 18、19 行无需塞棉，将第 19 行的内侧半针一一对应卷针缝合。

身体
※取2根线钩织

钩织结束
※留50cm线头，
将内侧半针一一对应卷针缝合

第17行钩织结束后塞入填充棉※18、19行无需塞棉

头部
※取2根线钩织

| | | |
|---|---|---|
| ▷ | 接线 | |
| ▶ | 断线 | |
| ⬯ | 锁针 | |
| ⬬ | 引拔针 | |
| ✕ | 短针 | |
| ⩔ | 短针1针分2针 | |
| ⋀ | 短针2针并1针 | |
| ⊤ | 中长针 | |
| ⊤ | 长针 | |
| ⋎ | 长针1针分2针 | |
| ⋕ | 长针1针分5针 | |

| 行数 | 针数 | 加减 | 红色款 | 蓝色款 |
|---|---|---|---|---|
| ⑲ | 16针 | +4针 | 白色 | 蓝色 |
| ⑱ | 12针 | +4针 | | |
| ⑰ | 8针 | -4针 | | |
| ⑯ | 12针 | -4针 | | |
| ⑮ | 16针 | -8针 | | |
| ⑭ | 24针 | | 红色 | 绿色 |
| ⑬ | 24针 | | 黄色 | 黄色 |
| ⑫ | 24针 | | 红色 | 绿色 |
| ⑪ | 24针 | | 黄色 | 黄色 |
| ⑩ | 24针 | | 红色 | 绿色 |
| ⑨ | 24针 | | 黄色 | 黄色 |
| ⑧ | 24针 | | | |
| ⑦ | 24针 | +3针 | 白色 | 蓝色 |
| ⑥ | 21针 | +3针 | | |
| ⑤ | 18针 | +3针 | | |
| ④ | 15针 | +3针 | | |
| ③ | 12针 | +3针 | | |
| ② | 9针 | +3针 | | |
| ① | 6针 | | | |

# P8, 9 🐈 猫耳圆形床 ／ Circle Bed

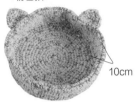

＜粉色款＞

10cm

←—— 32cm（14行）——→

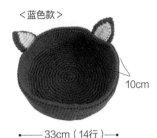

＜蓝色款＞

10cm

←—— 33cm（14行）——→

**线和材料**
**＜粉色款＞**
· HAMANAKA Of course! Big
白色（101）345g（6.9团）
· HAMANAKA eco-ANDARIA
＜段染＞（226）160g（4团）
· HAMANAKA 定型丝＜L＞
（H430-058）3m
**＜蓝色款＞**
· HAMANAKA Jumbonnie
藏青色（16）485g（9.7团）
粉色（9）14g
· HAMANAKA 定型丝＜L＞
（H430-058）3m

**针**
大号钩针8mm　手缝针

**钩织密度**
10针 ×8行（10cm×10cm）

**钩织方法**
**1.** 取2根线（＜粉色款＞的两种线材
合在一起钩织），环形起针钩织主体。
第24、29行加入定型丝钩织（参照
P47）。
**2.** 取2根线环形起针钩织2片耳朵
（＜蓝色款＞使用2种颜色），缝合
到主体上。

| ▷ 接线 | ⬯ 锁针 | ✕ 短针 |
| ▶ 断线 | ● 引拔针 | ⅄ 短针1针分2针 |

耳朵2片　※取2根线钩织

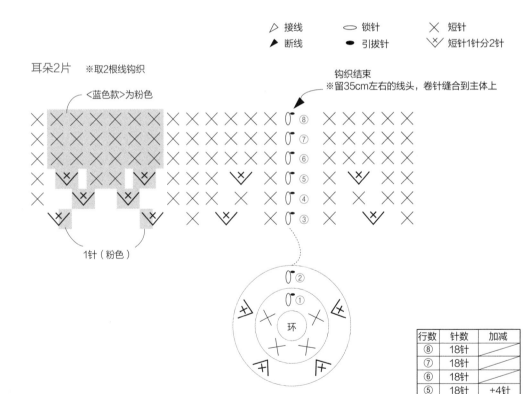

＜蓝色款＞为粉色

1针（粉色）

钩织结束
※留35cm左右的线头，卷针缝合到主体上

⑧ ⑦ ⑥ ⑤ ④ ③

环

②
①

※从耳朵的顶部开始钩织

| 行数 | 针数 | 加减 |
|---|---|---|
| ⑧ | 18针 | |
| ⑦ | 18针 | |
| ⑥ | 18针 | |
| ⑤ | 18针 | +4针 |
| ④ | 14针 | +2针 |
| ③ | 12针 | +4针 |
| ② | 8针 | +4针 |
| ① | 4针 | |

主体1个

※取2根线钩织，<粉色款>将两种线材合在一起钩织

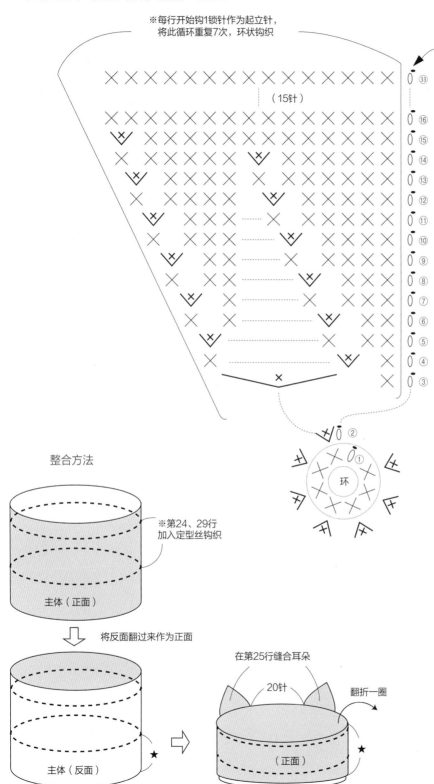

※每行开始钩1锁针作为起立针，
将此循环重复7次，环状钩织

钩织结束

㉝
⑯

（15针）

⑮
⑭
⑬
⑫
⑪
⑩
⑨
⑧
⑦
⑥
⑤
④
③

②
①
环

整合方法

※第24、29行
加入定型丝钩织

主体（正面）

将反面翻过来作为正面

主体（反面）

★

在第25行缝合耳朵

20针

翻折一圈

（正面）

★

| 行数 | 针数 | 加减 |
|---|---|---|
| ⑯～㉝ | 105针 | |
| ⑮ | 105针 | +7针 |
| ⑭ | 98针 | +7针 |
| ⑬ | 91针 | +7针 |
| ⑫ | 84针 | +7针 |
| ⑪ | 77针 | +7针 |
| ⑩ | 70针 | +7针 |
| ⑨ | 63针 | +7针 |
| ⑧ | 56针 | +7针 |
| ⑦ | 49针 | +7针 |
| ⑥ | 42针 | +7针 |
| ⑤ | 35针 | +7针 |
| ④ | 28针 | +7针 |
| ③ | 21针 | +7针 |
| ② | 14针 | +7针 |
| ① | 7针 | |

# P10 🐈 茶杯造型床 ／ Teacup Bed

15cm

● 31cm（12行）●

**线和材料**
DMC Hooked Zpagetti
A 白色 650g
B 蓝色 170g
C 浅粉色 60g

**针**
大号钩针 8mm 手缝针

**钩织密度**
7 针 ×8 行（10cm×10cm）

**钩织方法**
1. 用 A 线环形起针开始钩织，按照表格一边换线一边钩织主体。
2. 用 B 线环形起针钩织杯柄，将两端缝合到主体上。

杯柄1个
※B线

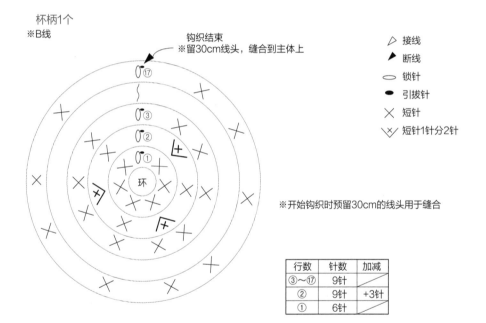

钩织结束
※留30cm线头，缝合到主体上

⑰
③
②
①
环

接线 ╱
断线 ▶
锁针 ⟝
引拔针 ⬤
短针 ✕
短针1针分2针 ⋎

※开始钩织时预留30cm的线头用于缝合

| 行数 | 针数 | 加减 |
|---|---|---|
| ③～⑰ | 9针 | |
| ② | 9针 | +3针 |
| ① | 6针 | |

杯柄的缝合方法

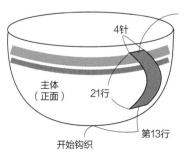

将杯柄的上下两端缝合到主体上

4针

主体
（正面）

21行

开始钩织

第13行

主体1个

钩织结束
※锁链连接

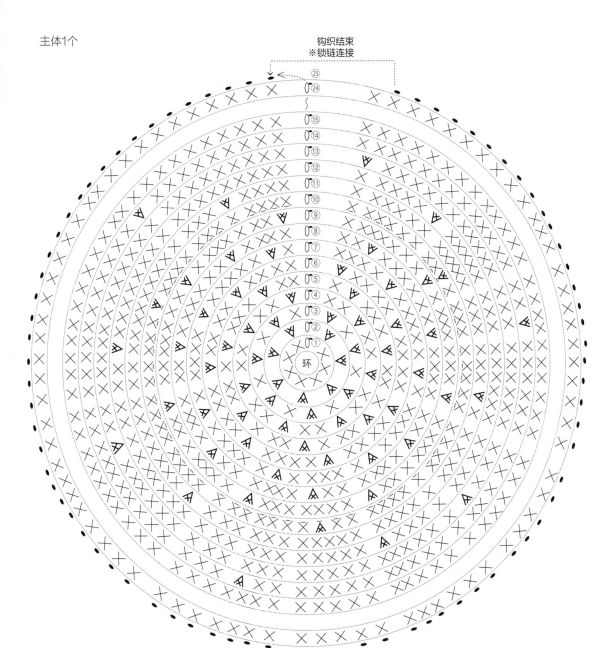

✕ 短针的条纹针（挑外侧半针）

| 行数 | 针数 | 加减 | 颜色 |
|---|---|---|---|
| ⑩ | 66针 | +3针 | |
| ⑨ | 63针 | +7针 | |
| ⑧ | 56针 | +7针 | |
| ⑦ | 49针 | +7针 | |
| ⑥ | 42针 | +7针 | 白色 |
| ⑤ | 35针 | +7针 | |
| ④ | 28针 | +7针 | |
| ③ | 21针 | +7针 | |
| ② | 14针 | +7针 | |
| ① | 7针 | | |

| 行数 | 针数 | 加减 | 颜色 |
|---|---|---|---|
| ㉓～㉕ | 78针 | | 白色 |
| ㉑～㉒ | 78针 | | 蓝色 |
| ⑲～⑳ | 78针 | | 浅粉色 |
| ⑮～⑱ | 78针 | | |
| ⑭ | 78针 | +3针 | |
| ⑬ | 75针 | +3针 | 白色 |
| ⑫ | 72针 | +3针 | |
| ⑪ | 69针 | +3针 | |

# P11 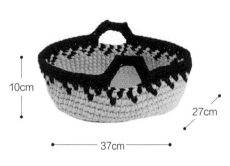 椭圆形篮子 ／ Oval Basket

**线**
DMC Hooked Zpagetti
A 米色 671g
B 棕色 170g

**针**
大号钩针 10mm　手缝针

**钩织密度**
6.5 针 ×7.7 行（10cm×10cm）

**钩织方法**
1. 用 A 线锁针起针钩织底部，环形圈织至第 10 行。
2. 接着底部钩织侧面，用 A、B 线钩织花样。断线收好线头。

10cm

27cm

37cm

| 行数 | 针数 | 加减 |
|---|---|---|
| ⑩ | 72针 | +6针 |
| ⑨ | 66针 | +6针 |
| ⑧ | 60针 | +6针 |
| ⑦ | 54针 | +6针 |
| ⑥ | 48针 | +6针 |
| ⑤ | 42针 | +6针 |
| ④ | 36针 | +6针 |
| ③ | 30针 | +6针 |
| ② | 24针 | +6针 |
| ① | 18针 | |

△ 接线　　◯ 锁针　　✕ 短针
▶ 断线　　● 引拔针　　Ⅴ 短针1针分2针

底部1片
※用A线钩织

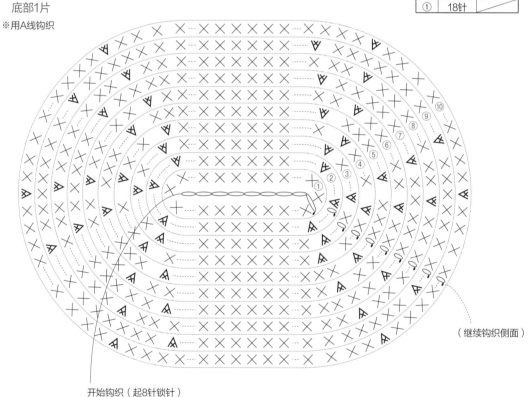

（继续钩织侧面）

开始钩织（起8针锁针）

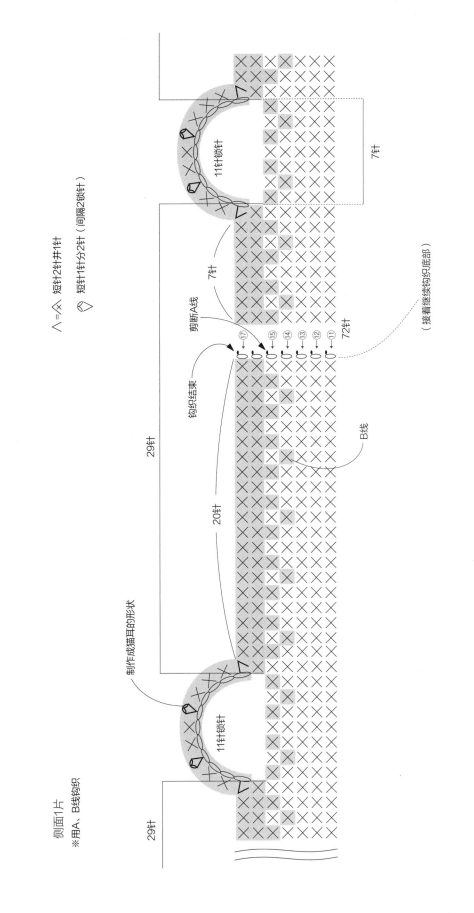

╳ = 仌 短针2针并1针

⌒ 短针1针分2针（间隔2锁针）

侧面1片
※用A、B线钩织

制作成猫耳的形状

11针锁针

7针

29针

20针

剪断A线

钩织结束

⑰

⑮ ⑭ ⑬ ⑫ ⑪

72针

B线

（接着继续钩织底部）

11针锁针

7针

29针

# P12 摇篮床 ／ Cradle Bed

21cm

36cm    14cm

**线和材料**
· DMC Hooked Zpagetti
  棕色 1030g（1.4 团）
· HAMANAKA 定型丝＜ L ＞
  （H430-058）106cm
· HAMANAKA 热缩管 2.5cm

**针**
大号钩针 10mm　手缝针

**钩织密度**
（短针）6.5 针 ×7.7 行（10cm×10cm）

**钩织方法**
1. 锁针起针，钩织 2 片主体。
2. 将 2 片主体正面相对，引拔连接对应的内侧半针。
3. 翻回正面，用步骤 2 的线包裹定型丝钩织一圈边缘的扭短针。
4. 接线，在两侧钩织提手。

## 主体的整合方法

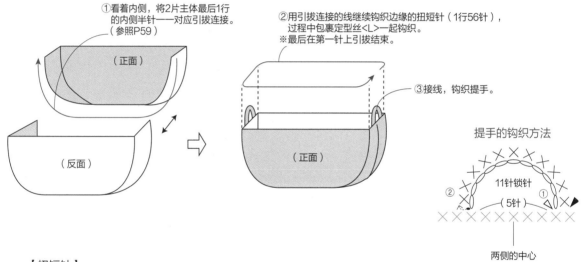

①看着内侧，将2片主体最后1行的内侧半针一一对应引拔连接。（参照P59）

（正面）

（反面）

②用引拔连接的线继续钩织边缘的扭短针（1行56针），过程中包裹定型丝＜L＞一起钩织。
※最后在第一针上引拔结束。

（正面）

③接线，钩织提手。

### 提手的钩织方法

11针锁针

②　①

（5针）

两侧的中心

## 【扭短针】

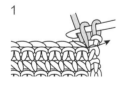

1

按照钩织短针的要领，钩出较长的线圈后按照箭头方向往前扭转钩针。

2

接着往后扭转钩针。

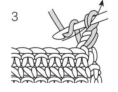

3

针脚扭转了。针上挂线，松松地将线引出。

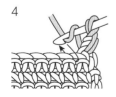

4

1针扭短针完成。重复步骤1~3。

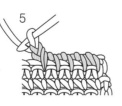

5

从右往左继续钩织。

主体2片

钩织结束
※1片断线，另1片不断线，
将2片主体引拔连接在一起
并继续钩织边缘。

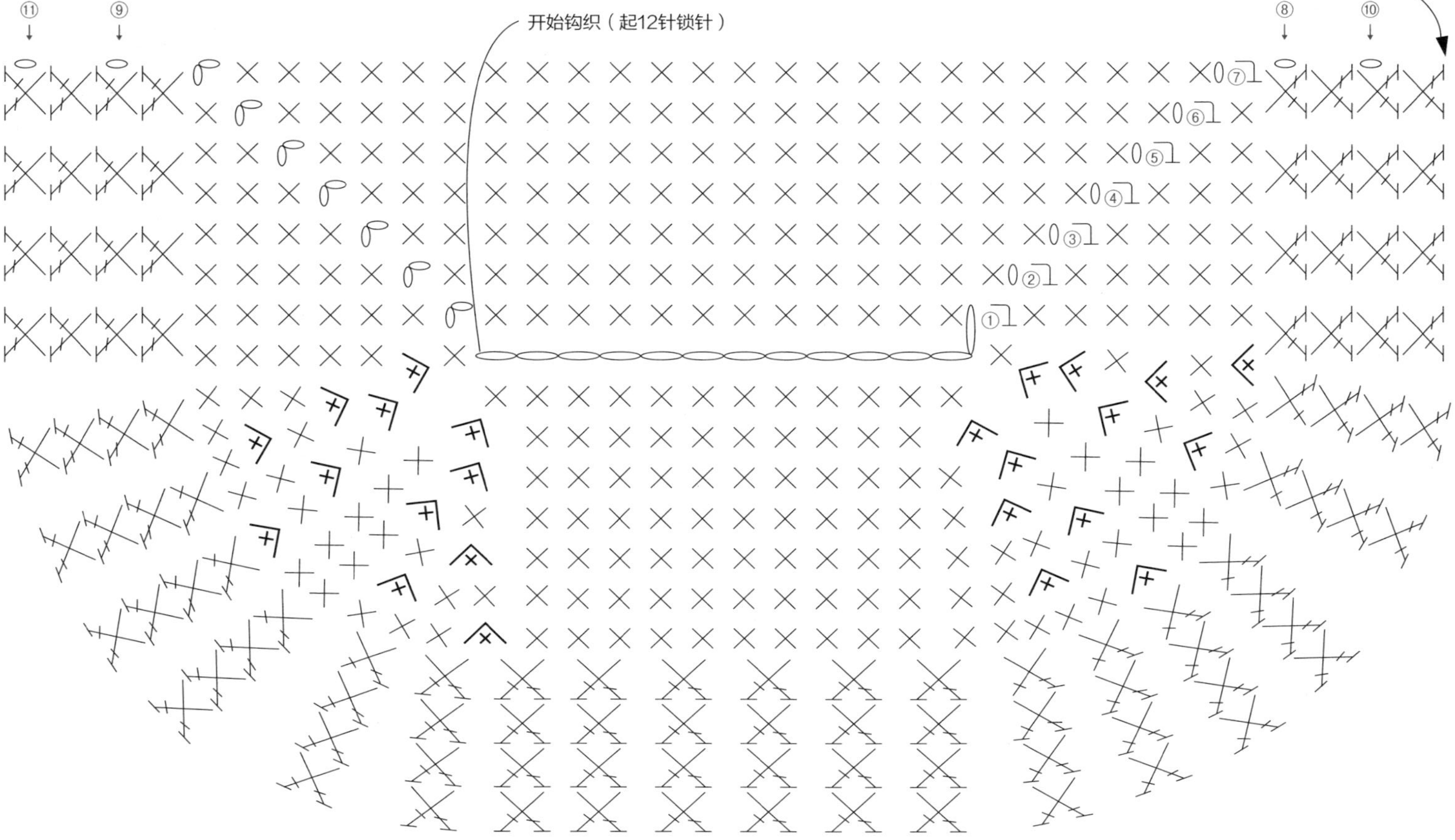

开始钩织（起12针锁针）

⑩　⑧　⑨　⑪　⑦　⑥　⑤　④　③　②　①

# P13 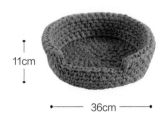 圆形床 ／ Round Bed

**线**
DMC Hooked Zpagetti
灰色 1562g（2团）

**针**
大号钩针 10mm　手缝针

**钩织密度**
（短针）10 针 ×10 行（10cm×10cm）

**钩织方法**
1. 环形起针钩织底部，接着钩织侧面至 15 行。第 16~24 行为往返钩织。
2. 将主体的侧面往内侧翻折，将第 11 行与第 24 行引拔连接。

（接着钩织侧面）

短针1针分2针（间隔1针锁针）

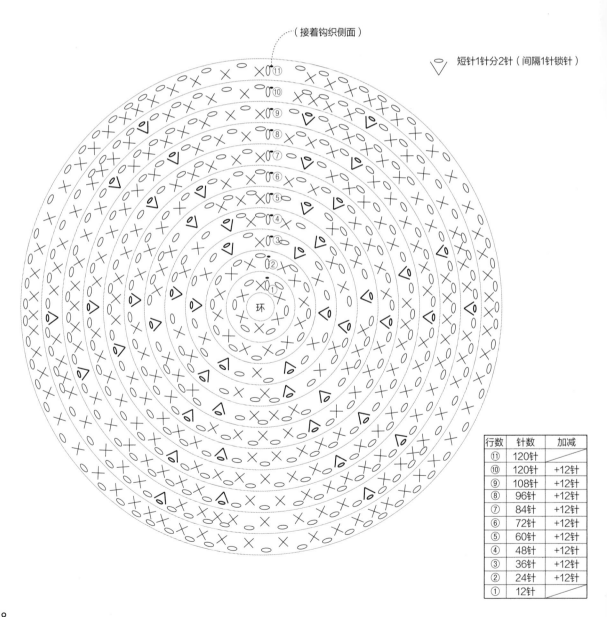

| 行数 | 针数 | 加减 |
|---|---|---|
| ⑪ | 120针 | |
| ⑩ | 120针 | +12针 |
| ⑨ | 108针 | +12针 |
| ⑧ | 96针 | +12针 |
| ⑦ | 84针 | +12针 |
| ⑥ | 72针 | +12针 |
| ⑤ | 60针 | +12针 |
| ④ | 48针 | +12针 |
| ③ | 36针 | +12针 |
| ② | 24针 | +12针 |
| ① | 12针 | |

11cm

36cm

▷ 接线　　　⬭ 锁针　　　✕ 短针

▶ 断线　　　⬬ 引拔针

侧面1片

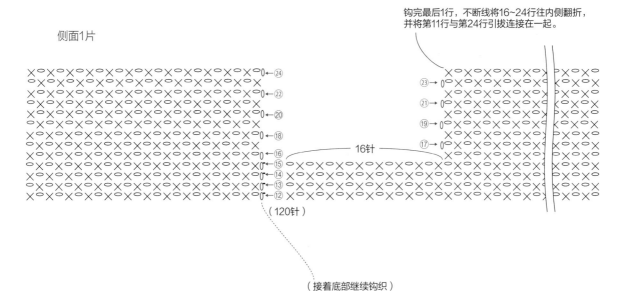

钩完最后1行，不断线将16~24行往内侧翻折，
并将第11行与第24行引拔连接在一起。

16针

（120针）

（接着底部继续钩织）

主体的整合方法

★＝16~24行

将★部分往内侧翻折

看着底部，挑起第24行与第11行，
用引拔连接的方式缝合到一起。

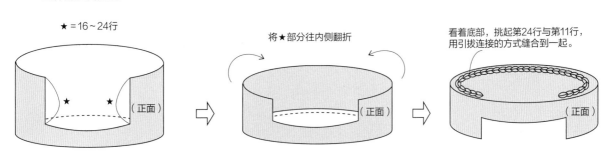

（正面）　　　（正面）　　　（正面）

［引拔连接］

①将织片重合，
从一端的针脚
入针引出线。

②针脚一一对应钩引拔针。
※钩到另一端，线头穿入
钩针的线圈中拉紧，藏
好线头。

59

# P17 🐈 冬季款猫窝罩 ／ Winter Cover

13.5cm

37cm

**线和材料**
·HAMANAKA FUTTI
灰色（3）311g（2团）
·直径37cm 的 GARIGARI 圆形猫抓
板（Aim-Create）1个

**针**
大号钩针 20mm　手缝针

**钩织密度**
4 针 ×7 行（10cm×10cm）

**钩织方法**
1. 锁针起针做环，圈钩 8 行完成主体
部分。
2. 第 9 行钩引拔针，最后用锁链连接
的方法结束钩织（参照 P48）。

调节P15，16作品尺寸大小的方法

制作其他尺寸时,需要调节针数与行数。

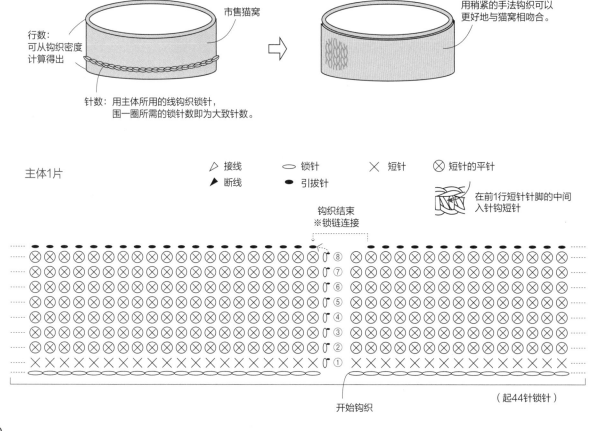

行数:
可从钩织密度
计算得出

市售猫窝

针数: 用主体所用的线钩织锁针,
围一圈所需的锁针数即为大致针数。

织片具有少量弹性,
用稍紧的手法钩织可以
更好地与猫窝相吻合。

主体1片

| | | | |
|---|---|---|---|
| ▷ 接线 | ⬭ 锁针 | ✕ 短针 | ⊗ 短针的平针 |
| ▶ 断线 | ⬭ 引拔针 | | |

在前1行短针针脚的中间
入针钩短针

钩织结束
※锁链连接

⑧ ⑦ ⑥ ⑤ ④ ③ ② ①

开始钩织

（起44针锁针）

# P18 🐈 拼色款猫窝罩 ／ Multcolor Cover

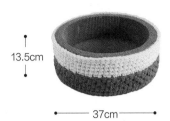

13.5cm

●—— 37cm ——●

**线和材料**
·DMC Hoooked RIBBON XL
　A 祖母绿 265g
　B 珍珠白 245g
·直径 37cm 的 GARIGARI 圆形猫抓
　板（Aim-Create）1 个

**针**
大号钩针 12mm　手缝针

**钩织密度**
6.5 针 ×7.5 行（10cm×10cm）

**钩织方法**
1. 取 2 根线，锁针起针做环，用 A、B
　线钩 12 圈完成主体部分。
2. 第 13 行钩引拔针，最后用锁链连接
　的方法结束钩织（参照 P48）。

| | |
|---|---|
| △ 接线 | ⟋ 锁针 | ✕ 短针 |
| ▶ 引拔针 | ● 引拔针 | ✕ 短针的条纹针（挑外半针钩织） |

主体1片

※取2根线钩编

钩织结束
※锁链连接

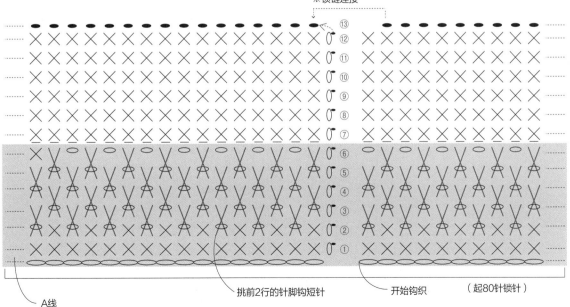

⑬ ⑫ ⑪ ⑩ ⑨ ⑧ ⑦ ⑥ ⑤ ④ ③ ② ①

挑前2行的针脚钩短针

开始钩织

（起80针锁针）

A线

61

<万圣节款>

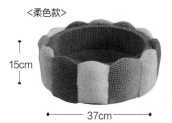

15cm

37cm

<柔色款>

15cm

37cm

## 线和材料

**<万圣节款>**
- HAMANAKA Bonnie
  A 橙色（606）200g（4团）
  B 鲑鱼粉（605）200g（4团）
- 填充棉（HAMANAKA clean watawata H405-001）72g
- 毛毡布适量
- 直径 37cm 的 GARIGARI 圆形猫抓板（Aim-Create）1个

**<柔色款>**
- HAMANAKA Bonnie
  A 紫色（496）100g（2团）
  B 白色（401）100g（2团）
  C 浅粉色（405）100g（2团）
  D 薄荷绿（609）100g（2团）
- 填充棉（HAMANAKA clean watawata H405-001）72g
- 直径 37cm 的 GARIGARI 圆形猫抓板（Aim-Create）1个

## 针
钩针 8/0 号　手缝针

## 钩织密度
14 针 ×16 行（10cm×10cm）

## 钩织方法
1. 环形起针钩织 12 片主体。<万圣节款>为 A、B 线各 6 片，<柔色款>为 A~D 线各 3 片。
2. 将 2 片主体正面相对，在侧面卷针缝合。重复直至围成一圈。
3. 在主体中塞入填充棉，用钩织结束时留下的线头依次将底边卷针缝合。剪切毛毡布装饰在 <万圣节款> 上。

| △ 接线 | ⌒ 锁针 | ✕ 短针 |
|---|---|---|
| ▶ 引拔针 | ● 引拔针 | ⩗ 短针1针分2针 |

<通用>主体的整合方法

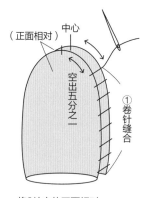

（正面相对） 中心

空出五分之一

①卷针缝合

将2片主体正面相对，卷针缝合侧边，12片连在一起围成一圈
※<万圣节款>为2色交替缝合
　<柔色款>为4色交替缝合

将毛毡布贴在<万圣节款>上制作面部

②塞入填充棉

棉

③用钩织结束时留下的线头依次将底边卷针缝合

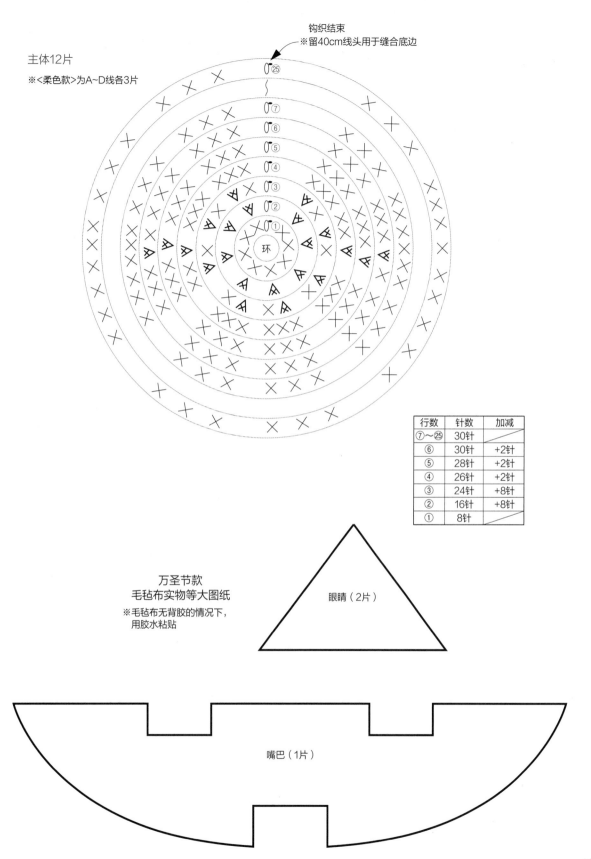

主体12片

※<柔色款>为A~D线各3片

钩织结束
※留40cm线头用于缝合底边

| 行数 | 针数 | 加减 |
|---|---|---|
| ⑦~㉕ | 30针 | |
| ⑥ | 30针 | +2针 |
| ⑤ | 28针 | +2针 |
| ④ | 26针 | +2针 |
| ③ | 24针 | +8针 |
| ② | 16针 | +8针 |
| ① | 8针 | |

万圣节款
毛毡布实物等大图纸

※毛毡布无背胶的情况下，
用胶水粘贴

眼睛（2片）

嘴巴（1片）

63

# P14 🐈 面包床 ／ Toast Bed

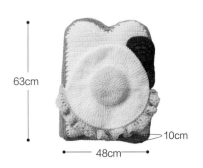

63cm

48cm

10cm

**线和材料**

· HAMANAKA　Jumbonnie
A 生成色（1）644g（12.9 团）
B 卡其色（3）342g（6.9 团）
C 白色（31）212g（4.3 团）
D 黄色（11）64g（1.3 团）
E 红色（6）44g
F 黄绿色（27）80g（1.6 团）
· 50cm×50cm 厚 0.4cm 的聚酯
海绵 1 片
· 填充棉（HAMANAKA clean
watawata H405-001）适量

**针**

大号钩针 10mm　手缝针

**钩织密度**

7 针 ×8 行（10cm×10cm）

**钩织方法**

1. A 线锁针起针，钩 49 行完成面包的
主体部分，再用 B 线钩 5 行面包边。
钩织 2 片。

2. 将 2 片面包正面朝外对齐缝合，缝
合过程中裹入聚酯海绵和填充棉。

3. D 线环形起针钩织鸡蛋的蛋黄。同
样地用 C 线钩 18 行完成蛋白，换 F
线钩织生菜。条纹针将用于卷针缝
合，需注意挑半针的方向。

4. 蛋黄和蛋白的反面作为正面，将蛋
黄卷针缝合到蛋白上，并塞入填充棉。

5. E 线环形起针钩织番茄，卷针缝合
到蛋白的指定位置。

6. 挑生菜条纹针的余下半针，将鸡蛋、
生菜、番茄部分卷针缝合到面包上。

整合方法

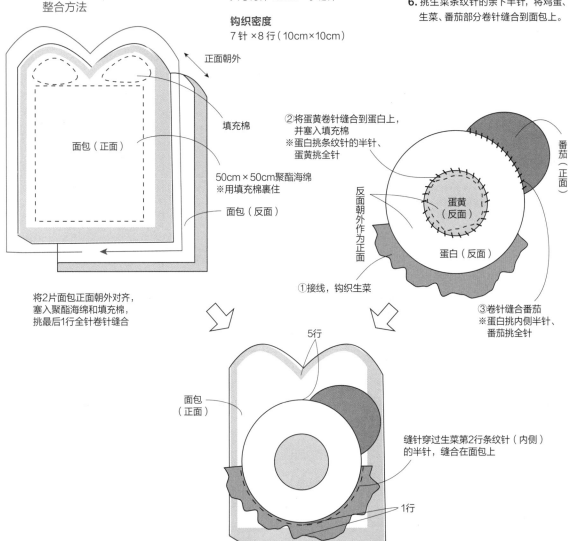

正面朝外

填充棉

面包（正面）

50cm×50cm聚酯海绵
※用填充棉裹住

面包（反面）

将2片面包正面朝外对齐，
塞入聚酯海绵和填充棉，
挑最后1行全针卷针缝合

②将蛋黄卷针缝合到蛋白上，
并塞入填充棉
※蛋白挑条纹针的半针、
蛋黄挑全针

番茄
（正面）

蛋黄
（反面）

反面
朝外
作为
正面

蛋白（反面）

①接线，钩织生菜

③卷针缝合番茄
※蛋白挑内侧半针、
番茄挑全针

5行

面包
（正面）

缝针穿过生菜第2行条纹针（内侧）
的半针，缝合在面包上

1行

64

面包2片

※主体用A线，
面包边用B线

▶（主体左上）钩织结束

钩左上部分

▶（主体右上）钩织结束

㊸

㊵

㉟

㉚

㉕

⑳

⑮

⑩

⑤

①

钩织面包边

（面包边）钩织结束

开始钩织主体（起32针锁针）

不加不减继续钩织（※④钩织条纹针）

① ② ③ ④ ⑤

▷ 接线
▶ 断线

◯ 锁针
● 引拔针

╳ 短针
╲╱ 短针1针分2针
╱╲ 短针2针并1针

鸡蛋、蛋黄 1片
※D线

钩织结束
※留200cm线头，挑蛋白第9行的条纹针半针卷针缝合

▷ 接线
► 断线
⬭ 锁针
⬬ 引拔针
✕ 短针
ᐁ 短针1针分2针

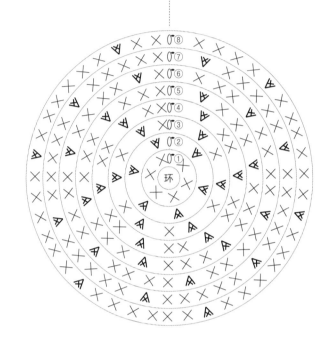

| 行数 | 针数 | 加减 |
|---|---|---|
| ⑨ | 48针 | |
| ⑧ | 48针 | +6针 |
| ⑦ | 42针 | +6针 |
| ⑥ | 36针 | +6针 |
| ⑤ | 30针 | +6针 |
| ④ | 24针 | +6针 |
| ③ | 18针 | +6针 |
| ② | 12针 | +6针 |
| ① | 6针 | |

番茄 1片
※E线

┬ 长针
ᗐ 长针1针分2针
ᗑ 长针1针分3针

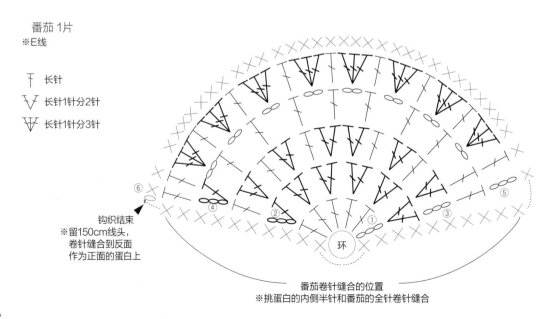

钩织结束
※留150cm线头，
卷针缝合到反面
作为正面的蛋白上

番茄卷针缝合的位置
※挑蛋白的内侧半针和番茄的全针卷针缝合

66

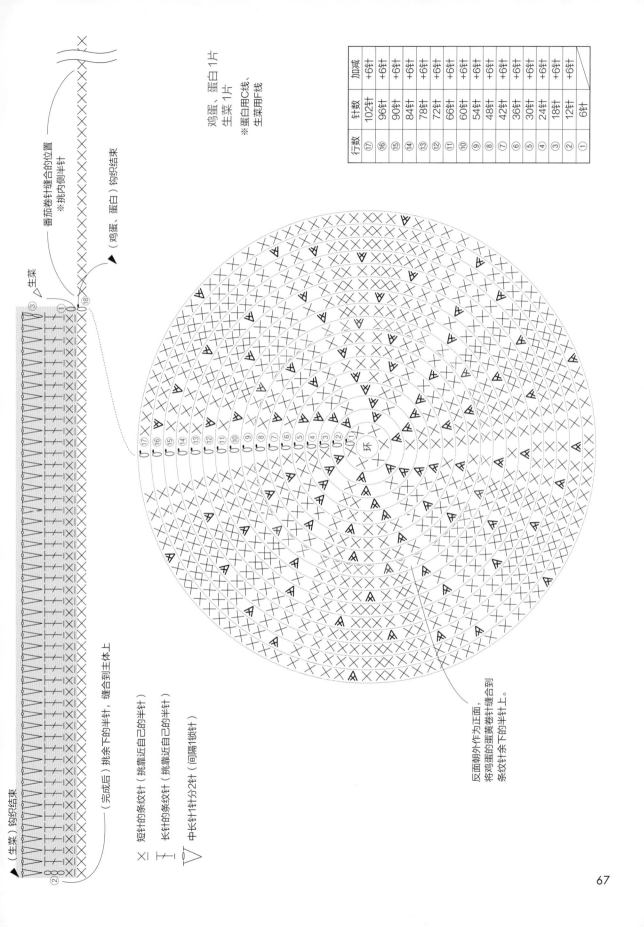

鸡蛋、蛋白 1片
生菜 1片

※蛋白用C线、
生菜用F线

| 行数 | 针数 | 加减 |
|---|---|---|
| ⑰ | 102针 | +6针 |
| ⑯ | 96针 | +6针 |
| ⑮ | 90针 | +6针 |
| ⑭ | 84针 | +6针 |
| ⑬ | 78针 | +6针 |
| ⑫ | 72针 | +6针 |
| ⑪ | 66针 | +6针 |
| ⑩ | 60针 | +6针 |
| ⑨ | 54针 | +6针 |
| ⑧ | 48针 | +6针 |
| ⑦ | 42针 | +6针 |
| ⑥ | 36针 | +6针 |
| ⑤ | 30针 | +6针 |
| ④ | 24针 | +6针 |
| ③ | 18针 | +6针 |
| ② | 12针 | +6针 |
| ① | 6针 | |

（生菜）钩织结束

番茄卷针缝合的位置
※挑内侧半针

（鸡蛋、蛋白）钩织结束

生菜

环

反面朝外作为正面，
将鸡蛋的蛋黄卷针缝合到
条纹针余下的半针上。

（完成后）挑余下的半针，缝合到主体上

X 短针的条纹针（挑靠近自己的半针）

Ŧ 长针的条纹针（挑靠近自己的半针）

V 中长针1针分2针（间隔1锁针）

67

# P24 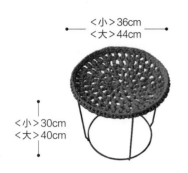 圆形吊床 ／ Round Hammock

<小>36cm
<大>44cm

<小>30cm
<大>40cm

**线和材料**

**<小>**
· DMC Hooked Zpagetti
  红色 500g
· 直径 36cm 高 30cm 的圆形架子 1个

**<大>**
· DMC Hooked Zpagetti
  条纹 500g
· 直径 44cm 高 40cm 的圆形架子 1个

**针**
大号钩针 12mm　手缝针

**钩织密度**
4 针 ×2.8 行（10cm×10cm）

**钩织方法**
1. 环形起针开始钩织,钩到最后第 2 行。
2. 沿着架子的框架继续钩主体,一边
   包裹框架一边钩织最后 1 行。

△ 接线　　◯ 锁针　　✕ 短针　　木 挑整束钩2针长针
▶ 断线　　● 引拔针　　十 长针　　　　（间隔1针锁针）

最后1行包裹框架钩织。
※当框架被凳脚切分为几个部分时,
　需要将每个部分的针数均分。

钩织结束

<小>
主体1片

环

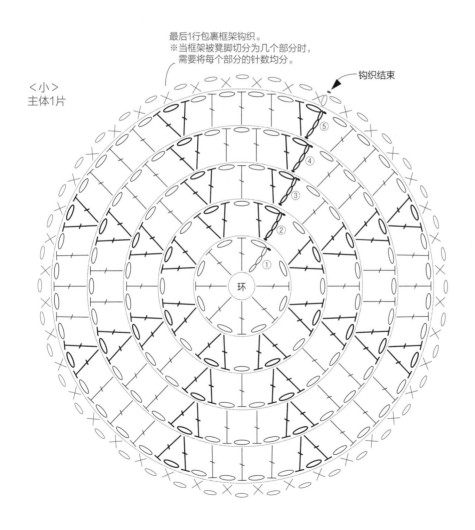

| 行数 | 针数 | 加减 |
|---|---|---|
| ⑥ | 79针 | |
| ⑤ | 80针 | +16针 |
| ④ | 64针 | +16针 |
| ③ | 48针 | +16针 |
| ② | 32针 | +16针 |
| ① | 16针 | |

| 行数 | 针数 | 加减 |
|---|---|---|
| ⑧ | 111针 | |
| ⑦ | 112针 | +16针 |
| ⑥ | 96针 | +16针 |
| ⑤ | 80针 | +16针 |
| ④ | 64针 | +16针 |
| ③ | 48针 | +16针 |
| ② | 32针 | +16针 |
| ① | 16针 | |

<大>
主体1片

最后1行包裹框架钩织。
※当框架被凳脚切分为几个部分时，
需要将每个部分的针数均分。

钩织结束

环

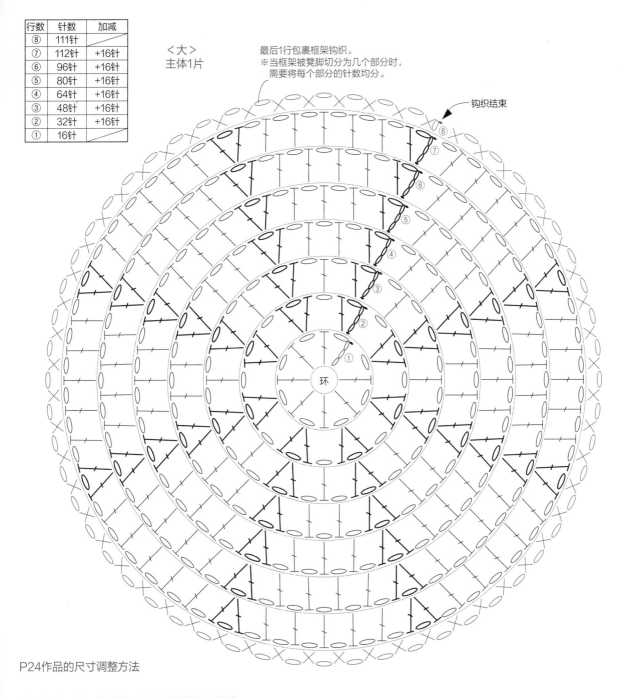

P24作品的尺寸调整方法

当所使用架子的尺寸与本书不同时，需要进行尺寸调整。

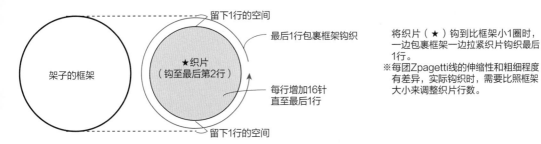

留下1行的空间

架子的框架

★织片
（钩至最后第2行）

最后1行包裹框架钩织

每行增加16针
直至最后1行

留下1行的空间

将织片（★）钩到比框架小1圈时，
一边包裹框架一边拉紧织片钩织最后
1行。
※每团Zpagetti线的伸缩性和粗细程度
有差异，实际钩织时，需要比照框架
大小来调整织片行数。

# P27 方形吊床 ／ Square Hammock
# P28 方形篮子吊床 ／ Square Basket Hammock

<架子款>

90cm
30cm
50cm

<篮子款>

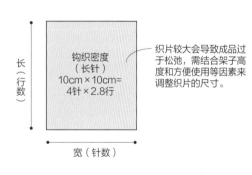

48cm
28cm
32cm

**线和材料**
**<架子款>**
· DMC Hooked Zpagetti
  牛仔蓝 750g
· 90cm×30cm, 高 50cm 的折叠架子 1 个

**<篮子款>**
· DMC Hooked Zpagetti
  混合绿 750g
· 48cm×32cm, 高 28cm 的篮子 1 个

**针**
大号钩针 12mm 手缝针

**钩织密度**
4 针 ×2.8 行（10cm×10cm）

**钩织方法**
1. 锁针起针开始钩织本体。
2. <架子款>在主体的四角钩织环扣,
   挂在架子上。<篮子款>用回针缝
   的方法将织片与篮子缝合在一起。
   ※ 用余线制作 <架子款>的枕头和
   < 篮子款 >的小球（P75）。

P27, 28作品的尺寸调整方法

当所使用架子的尺寸与本书不同时，需要进行尺寸调整。

整合方法

将织片牢固地与架子连接在一起。

钩织密度
（长针）
10cm × 10cm=
4针 ×2.8行

长（行数）

宽（针数）

织片较大会导致成品过于松弛，需结合架子高度和方便使用等因素来调整织片的尺寸。

<架子款>

将环扣（锁针8针）挂到框架上
卷缝到框架上
将环扣挂在框架挂钩上,
织片两端卷缝到框架上。

<篮子款>

包裹把手钩织短针
将织片的四边与篮子的针脚对应,
用回针缝的方法缝合。

<架子款>枕头 2 片

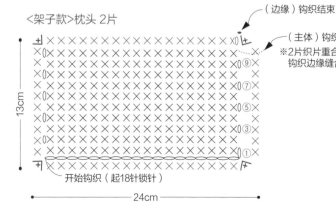

（边缘）钩织结束
（主体）钩织结束
※2片织片重合,塞入余线,
钩织边缘缝合四边。

13cm

开始钩织（起18针锁针）

24cm

∕ 接线
▶ 断线
⌒ 锁针
● 引拔针
✕ 短针
ⅴ 短针1针分2针
Ⲧ 长针

主体 1片

<架子款>在四角钩8针锁针做环扣

钩织结束

开始钩织/用余线
（留60cm）钩织，
其余三个角接线钩织

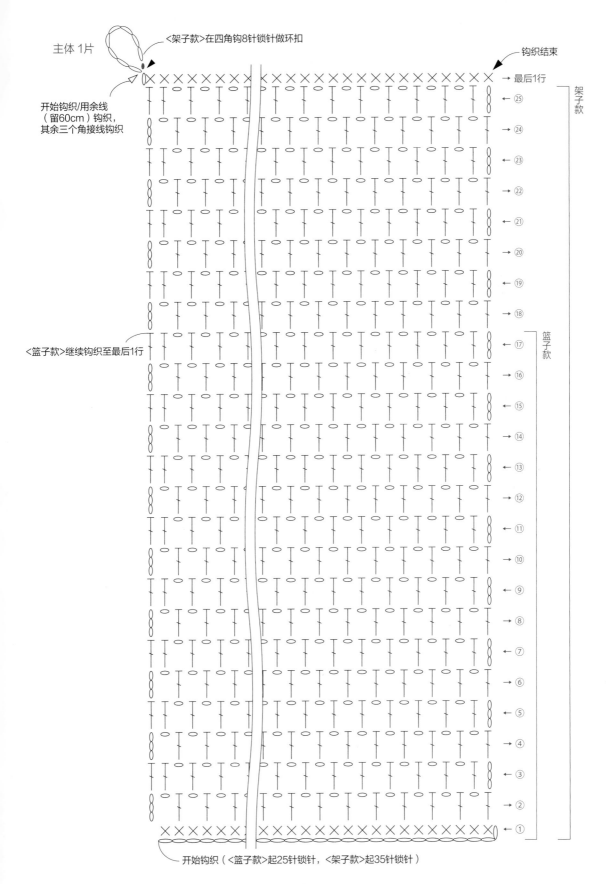

→ 最后1行

← 25　架
　　　子
→ 24　款

← 23
→ 22
← 21
→ 20
← 19
→ 18
← 17　篮
　　　子
→ 16　款
← 15
→ 14
← 13
→ 12
← 11
→ 10
← 9
→ 8
← 7
→ 6
← 5
→ 4
← 3
→ 2
← 1

<篮子款>继续钩织至最后1行

开始钩织（<篮子款>起25针锁针，<架子款>起35针锁针）

# P29 🐈 水滴造型吊篮 ／ Teardrop Hanging Basket

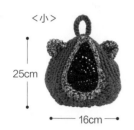

<小>

25cm
16cm

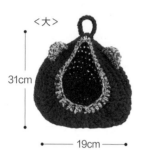

<大>

31cm
19cm

## 线和材料

**<小>**
·DMC Hooked Zpagetti
A 绿色 380g
B 混合黑 342g

**<大>**
·DMC Hooked Zpagetti
A 蓝色 940g（1.2 团）
B 混合色 342g

## 针
大号钩针 10mm　手缝针

## 钩织密度
（中长针）7.7针×4.5行
（10cm×10cm）

## 钩织方法

1. 用 A 线环形起针开始钩织，钩至主体最后第 2 行，用 B 线钩最后 1 行。
2. 用 B 线钩锁针，穿过上方引拔做环，接着钩 1 圈引拔针。

⟋ 接线　　　✕ 短针
◤ 断线　　　〵/ 短针1针分2针
⟝ 锁针
● 引拔针

<大><小>通用
耳朵2片

※用B线钩织

钩织结束
※留25cm左右的线头，卷针缝合在主体上。

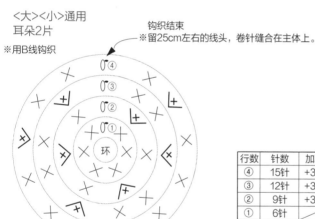

※从耳朵的顶点开始钩织

| 行数 | 针数 | 加减 |
|------|------|------|
| ④ | 15针 | +3针 |
| ③ | 12针 | +3针 |
| ② | 9针 | +3针 |
| ① | 6针 | |

安装耳朵的位置

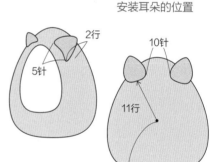

2行
5针
10针
11行
开始钩织

<大><小>通用
圆环 1根

※用B线钩织

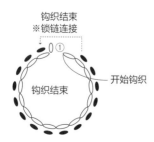

钩织结束
※锁链连接

开始钩织
钩织结束

安装圆环的方法

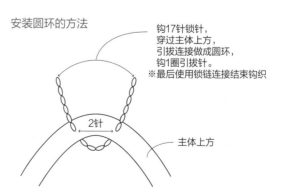

钩17针锁针，
穿过主体上方，
引拔连接做成圆环，
钩1圈引拔针。
※最后使用锁链连接结束钩织

2针
主体上方

<大>
主体1片

※本作品中使用的Zpagetti为一般粗细，
每个线团的粗细程度会有差异，钩织
的时候需要注意。

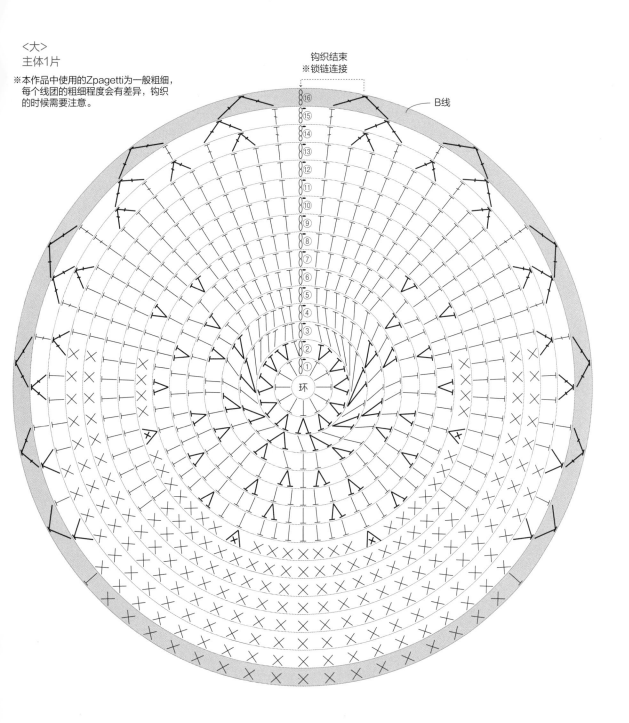

钩织结束
※锁链连接

B线

环

| | 中长针 |
| \/ | 中长针1针分2针 |
| † | 长针 |
| ∧ | 长针2针并1针 |

| 行数 | 针数 | 加减 |
|---|---|---|
| ⑧ | 60针 | |
| ⑦ | 54针 | +6针 |
| ⑥ | 48针 | +6针 |
| ⑤ | 42针 | +6针 |
| ④ | 36针 | +6针 |
| ③ | 30针 | +6针 |
| ② | 24针 | +12针 |
| ① | 12针 | |

| 行数 | 针数 | 加减 |
|---|---|---|
| ⑯ | 32针 | -12针 |
| ⑮ | 44针 | -12针 |
| ⑭ | 56针 | -10针 |
| ⑬ | 66针 | |
| ⑫ | 66针 | |
| ⑪ | 66针 | |
| ⑩ | 66针 | |
| ⑨ | 66针 | +6针 |

<小>
主体1片

※本作品中使用的Zpagetti为较细的线，
每个线团的粗细程度会有差异，钩织
的时候需要注意。

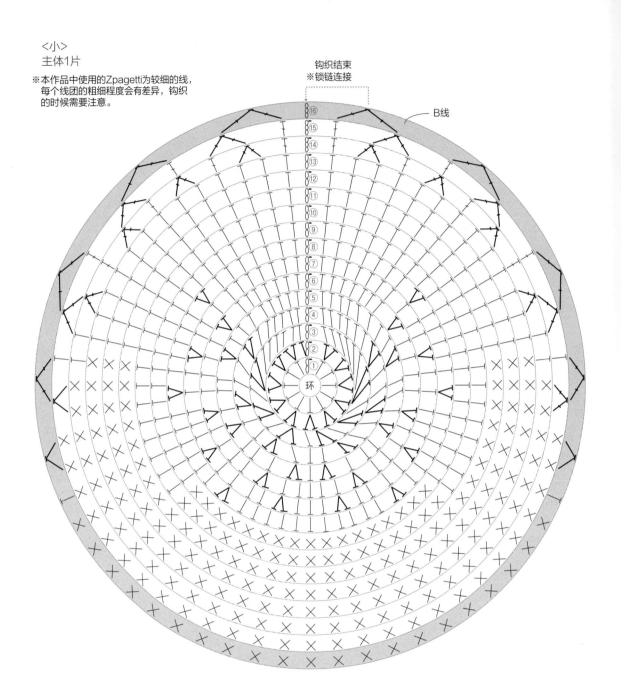

钩织结束
※锁链连接

B线

环

| 行数 | 针数 | 加减 |
|---|---|---|
| ⑧ | 60针 | +6针 |
| ⑦ | 54针 | +6针 |
| ⑥ | 48针 | +6针 |
| ⑤ | 42针 | +6针 |
| ④ | 36针 | +6针 |
| ③ | 30针 | +6针 |
| ② | 24针 | +12针 |
| ① | 12针 | |

| 行数 | 针数 | 加减 |
|---|---|---|
| ⑯ | 34针 | −10针 |
| ⑮ | 44针 | −8针 |
| ⑭ | 52针 | −8针 |
| ⑬ | 60针 | |
| ⑫ | 60针 | |
| ⑪ | 60针 | |
| ⑩ | 60针 | |
| ⑨ | 60针 | |

|  |  |
|---|---|
| ⊤ | 中长针 |
| V | 中长针1针分2针 |
| ⊤ | 长针 |
| ⋀ | 长针2针并1针 |

74

逗猫玩具 鱼形

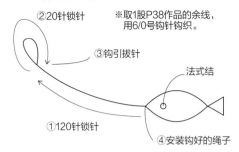

②20针锁针

③钩引拔针

※取1股P38作品的余线,
用6/0号钩针钩织。

法式结

①120针锁针

④安装钩好的绳子

※小鱼的尺寸:
3cm × 8.5cm。

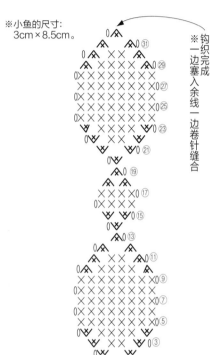

※钩织一边完成塞入余线一边卷针缝合

③
②
①

②15针锁针

③钩引拔针

直径3cm

①100针锁针

④安装钩好的绳子

| 行数 | 针数 | 加减 |
|---|---|---|
| ⑧ | 6针 | -6针 |
| ⑦ | 12针 | -6针 |
| ⑥ | 18针 | |
| ⑤ | 18针 | |
| ④ | 18针 | |
| ③ | 18针 | +6针 |
| ② | 12针 | +6针 |
| ① | 6针 | |

逗猫玩具 流苏

※使用P24作品余线钩织。

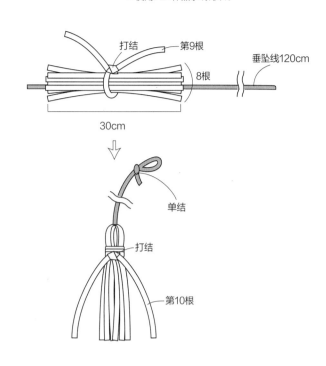

打结
第9根
8根
垂坠线120cm

30cm

单结

打结

第10根

逗猫玩具 球形

※取1股P36作品的余线,用6/0号钩针钩织。
※可以用P28的余线制作成直径8.5cm的小球,
　球中塞入木天蓼更佳。

钩织结束
※缝针依次挑外侧半针,
塞入余线后抽紧。

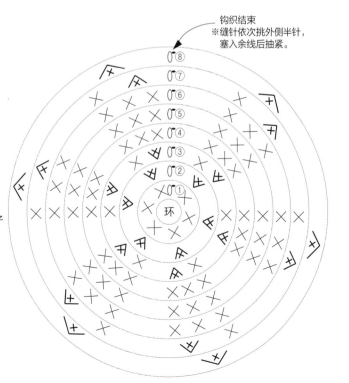

环

# P36 🐾 两用猫窝 ／ 2 Way house
# P38 🐾 三用猫窝 ／ 3 Way house

<两用猫窝>

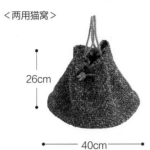

26cm

40cm

<三用猫窝>

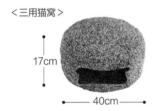

17cm

40cm

**线**

**<两用猫窝>**

marchen-art Manila Hemp Yarn
A 芥黄色（521）220g（11团）
B 大丽红（529）200g（10团）
C 森林绿（515）200g（10团）

**<三用猫窝>**

marchen-art Manila Hemp Yarn
A 奶白色（511）240g（12团）
B 奶咖色（512）240g（12团）
C 咖啡色（513）260g（13团）

**针**

钩针 8/0 号、10/0 号　手缝针

**钩织密度**

12.5 针 ×12.5 行（10cm×10cm）

**钩织方法**

**<两用猫窝>**

1. A~C 线合股，环形起针开始钩织底部。接着钩织侧面。※ 第 30 行预留穿绳孔。
2. 取 2 股 A 线钩绳子，穿过预留的孔并打结。

**<三用猫窝>**

1. A~C 线合股，环形起针开始钩织底部。接着钩织侧面的 4 行，再往返钩织 8 行。此部分做 2 个。
2. 正面朝外重合 2 个织片，用短针连接最后 1 行，将织片的反面翻到外侧作为正面。
3. 钩织开口的边缘，取 2 股 C 线钩绳子，穿过边缘的四个角。※ 绳子的顶端打结，防止脱落。

<两用猫窝>

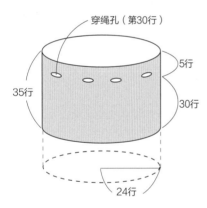

穿绳孔（第30行）

35行
5行
30行
24行

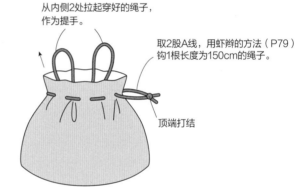

从内侧2处拉起穿好的绳子，作为提手。

取2股A线，用虾辫的方法（P79）钩1根长度为150cm的绳子。

顶端打结

绳子穿过小孔，顶端打结。
从内侧2处拉起穿好的绳子，抽紧袋口作为提手。

<三用猫窝>

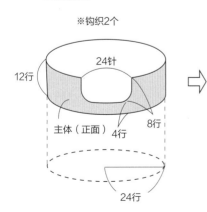

※钩织2个

24针
12行
主体（正面）
8行
4行
24行

短针（☆~★）连接2个部分

（正面）
☆　★
（正面）

反面翻到外侧

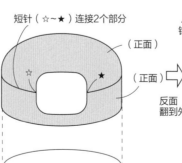

取2股C线，用虾辫的方法钩2根长度为60cm的绳子。

从★处继续钩织2行边缘

（反面）

将2根绳子分别穿入开口边缘的四个角中，绳子的顶端打结，防止脱落。

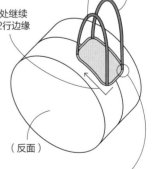

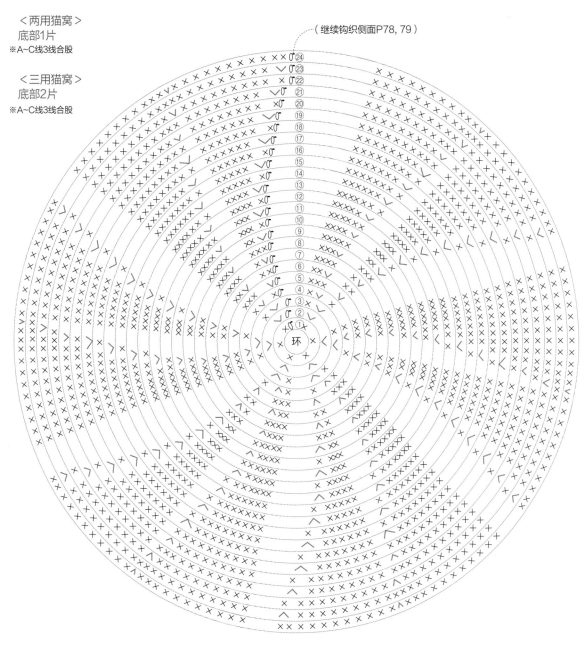

（继续钩织侧面P78, 79）

＜两用猫窝＞
底部1片
※A~C线3线合股

＜三用猫窝＞
底部2片
※A~C线3线合股

|  |  |
|---|---|
| ▷ | 接线 |
| ► | 断线 |
| ⌒ | 锁针 |
| ● | 引拔针 |
| ✕ | 短针 |
| ∨ = ✕✕ | 短针1针分2针 |

| 行数 | 针数 | 加减 | | 行数 | 针数 | 加减 |
|---|---|---|---|---|---|---|
| ⑫ | 72针 | +6针 | | ㉔ | 144针 | +6针 |
| ⑪ | 66针 | +6针 | | ㉓ | 138针 | +6针 |
| ⑩ | 60针 | +6针 | | ㉒ | 132针 | +6针 |
| ⑨ | 54针 | +6针 | | ㉑ | 126针 | +6针 |
| ⑧ | 48针 | +6针 | | ⑳ | 120针 | +6针 |
| ⑦ | 42针 | +6针 | | ⑲ | 114针 | +6针 |
| ⑥ | 36针 | +6针 | | ⑱ | 108针 | +6针 |
| ⑤ | 30针 | +6针 | | ⑰ | 102针 | +6针 |
| ④ | 24针 | +6针 | | ⑯ | 96针 | +6针 |
| ③ | 18针 | +6针 | | ⑮ | 90针 | +6针 |
| ② | 12针 | +6针 | | ⑭ | 84针 | +6针 |
| ① | 6针 | ╱ | | ⑬ | 78针 | +6针 |

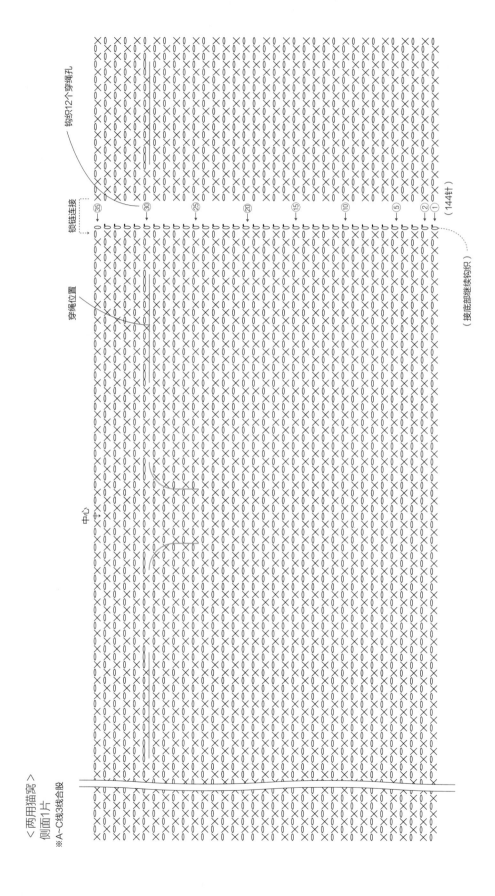

钩织12个穿绳孔

锁链连接

穿绳位置

中心

（144针）

（接座部继续钩织）

＜两用猫窝＞
侧面1片
※A～C线3线合股

<三用猫窝>主体2片

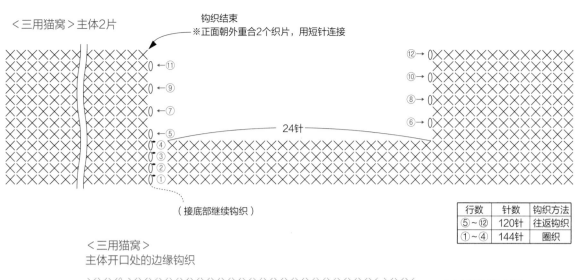

钩织结束
※正面朝外重合2个织片，用短针连接

←⑪
←⑨
←⑦
←⑤
④
③
②
①

⑫→
⑩→
⑧→
⑥→

24针

（接底部继续钩织）

| 行数 | 针数 | 钩织方法 |
|---|---|---|
| ⑤~⑫ | 120针 | 往返钩织 |
| ①~④ | 144针 | 圈织 |

<三用猫窝>
主体开口处的边缘钩织

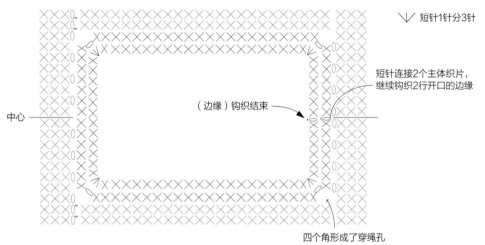

↘ 短针1针分3针

短针连接2个主体织片，
继续钩织2行开口的边缘

中心

（边缘）钩织结束

四个角形成了穿绳孔

【虾辫】　※合股钩织时，可从线团的中心和外侧分别抽线，使线头整齐一致

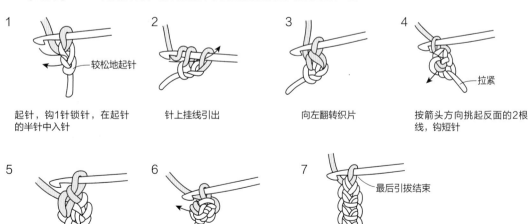

1
较松地起针
起针，钩1针锁针，在起针
的半针中入针

2
针上挂线引出

3
向左翻转织片

4
拉紧
按箭头方向挑起反面的2根
线，钩短针

5
向左翻转织片

6
按照箭头方向入针
钩短针，重复此步
骤继续钩织

7
最后引拔结束
1针

## P34 🐈 海苔卷猫窝 ／ Sushi Roll
## P35 🐈 蛋糕卷猫窝 ／ Swiss Roll

<海苔卷猫窝>

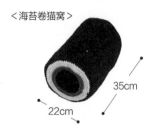

35cm
22cm

<蛋糕卷猫窝>

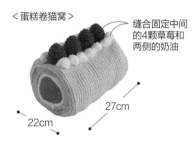

缝合固定中间的4颗草莓和两侧的奶油

27cm
22cm

**线和材料**
**<海苔卷猫窝>**
·HAMANAKA　Bonnie
绿色系／
A 黑色（402）390g（7.8 团）
B 白色（401）43g
C 黄绿色（476）22g
红色系／
A 黑色（402）390g（7.8 团）
B 白色（401）43g
C 红色（404）22g
·HAMANAKA 定型丝＜L＞
（H430-058）845cm
**<蛋糕卷猫窝>**
·HAMANAKA　Bonnie
A 粉色（405）300g（6 团）
B 白色（401）75g（1.5 团）
C 红色（404）58g（1.2 团）
D 肤色（406）43g
·HAMANAKA 定型丝＜L＞
（H430-058）845cm
·填充棉（HAMANAKA clean
watawata H405-001）适量

**针**
钩针 10/0 号　大号钩针 10mm
手缝针

**钩织密度**
11 针 ×11 行（10cm×10cm）

**钩织方法**
1. 取 2 股定型丝制作定型环（参照P48），用 A～C 线钩织主体。<海苔卷>制作 5 个环，<蛋糕卷>制作 4 个环。
2. <蛋糕卷>取 2 股 C 线钩织草莓，4 股 B 线钩织奶油，缝合在主体上方。

▷ 接线　　⌒ 锁针　　✕ 短针　　ⅩⅩ 短针的条纹针

▶ 接线　　● 引拔针

Ⅴ 短针1针分2针　　Ⅴ 短针2针并1针

Ⅴ 短针的条纹针1针分2针　　∧ 短针的条纹针2针并1针

<蛋糕卷>
草莓4颗
※取2股C线，用10/0号钩针钩织

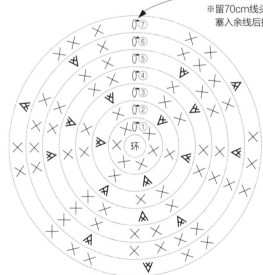

钩织结束
※留70cm线头，缝针依次穿过最后1行外侧半针，塞入余线后拉紧，缝合在主体上。

环

| 行数 | 针数 | 加减 |
|---|---|---|
| ⑦ | 18针 | −3针 |
| ⑥ | 21针 | +3针 |
| ⑤ | 18针 | +3针 |
| ④ | 15针 | +3针 |
| ③ | 12针 | +3针 |
| ② | 9针 | +3针 |
| ① | 6针 | |

<蛋糕卷>
奶油2个
※取4股B线，用10cm大号钩针钩织

📿 长针5针的枣形针

钩织结束
※留100cm左右的线头，反面朝外缝合在主体上。

开始钩织

海苔卷＞各1片
蛋糕卷＞1片

＜海苔卷＞
A~C线各取2股
＜蛋糕卷＞
A、B、D线各取2股
用10/0号钩针钩织

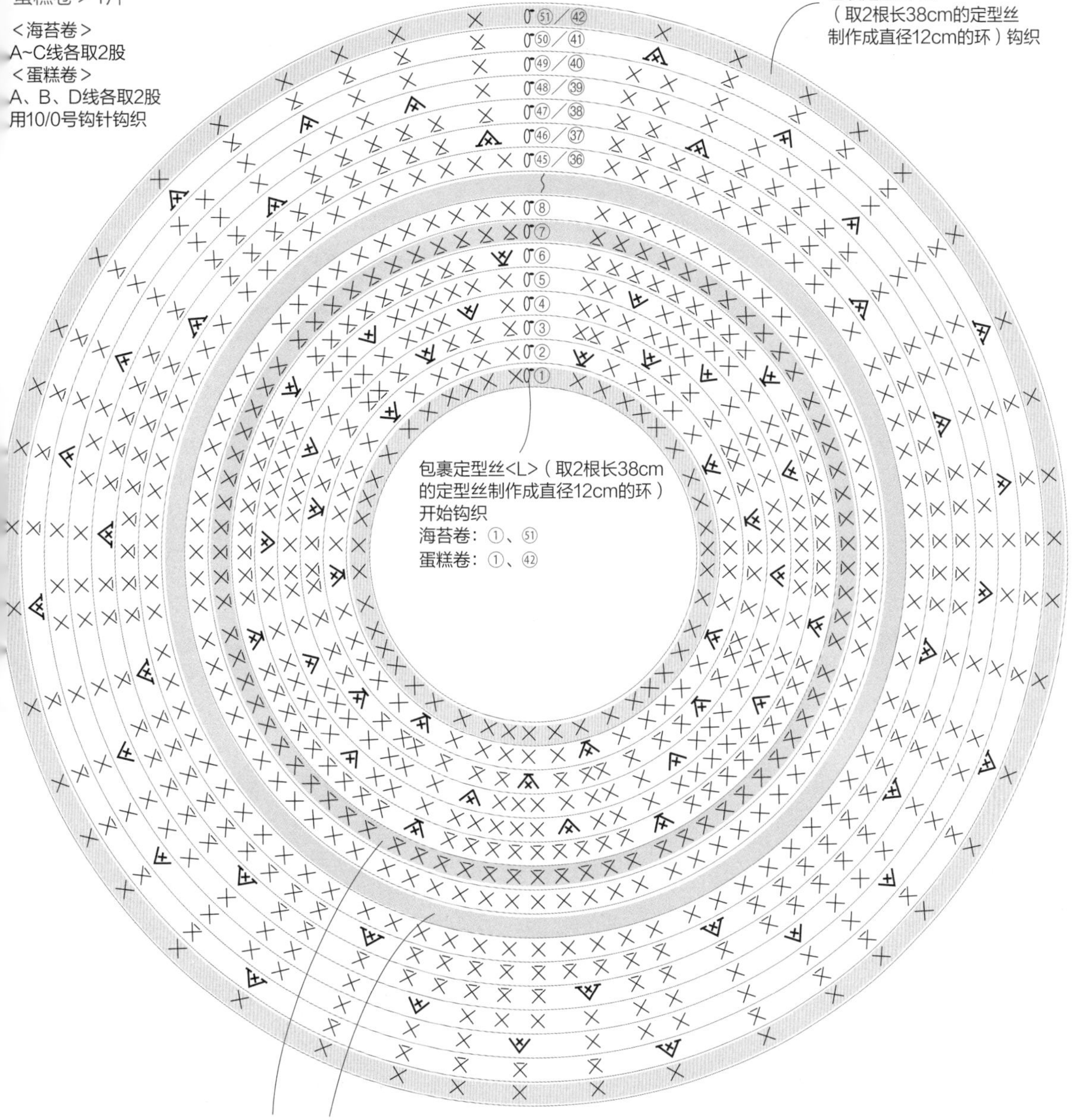

包裹定型丝<L>
（取2根长38cm的定型丝
制作成直径12cm的环）钩织
(51)／㊷
㊿／㊶
㊾／㊵
㊽／㊴
㊼／㊳
㊻／㊲
㊺／㊱
⑧
⑦
⑥
⑤
④
③
②
①
包裹定型丝<L>（取2根长38cm
的定型丝制作成直径12cm的环）
开始钩织
海苔卷：①、(51)
蛋糕卷：①、㊷
包裹定型丝<L>（取2根长69cm的
定型丝制作成直径22cm的环）钩织
海苔卷：⑰、㉖、㉟、㊺、(51)／蛋糕卷：⑰、㉖、㊱、㊷


＜海苔卷＞

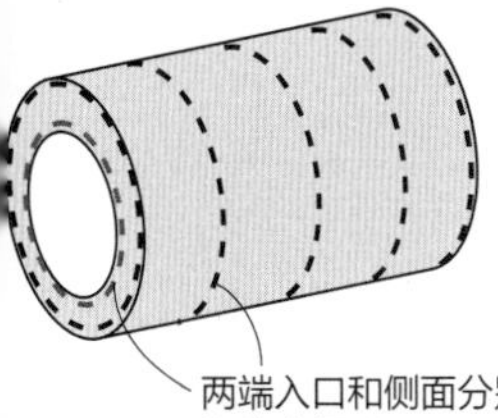

两端入口和侧面分别
包裹直径12cm、
22cm的定型丝<L>钩织


＜蛋糕卷＞

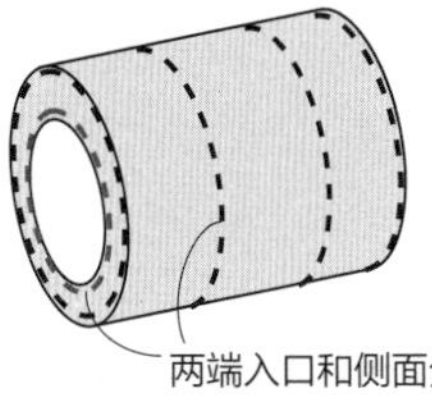

两端入口和侧面分别
包裹直径12cm、
22cm的定型丝<L>钩织


| 海苔卷行数 | 蛋糕卷行数 | 针数 | 加减 | 海苔卷颜色 | 蛋糕卷颜色 |
|---|---|---|---|---|---|
| (51) | ㊷ | 42针 | | 绿色/红色 | 白色 |
| ㊿ | ㊶ | 42针 | －7针 | | |
| ㊾ | ㊵ | 49针 | －7针 | 白色 | 肤色 |
| ㊽ | ㊴ | 56针 | －7针 | | |
| ㊼ | ㊳ | 63针 | －7针 | | |
| ㊻ | ㊲ | 70针 | －7针 | 黑色 | 粉色 |
| ⑧～㊺ | ⑧～㊱ | 77针 | | | |
| ⑦ | ⑦ | 77针 | | | |
| ⑥ | ⑥ | 77针 | ＋7针 | | |
| ⑤ | ⑤ | 70针 | ＋7针 | 白色 | 肤色 |
| ④ | ④ | 63针 | ＋7针 | | |
| ③ | ③ | 56针 | ＋7针 | | |
| ② | ② | 49针 | ＋7针 | 绿色/红色 | 白色 |
| ① | ① | 42针 | | | |

# P40 🐾 汉堡包圆顶猫窝 ／ Hamburger Dome

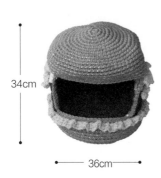

34cm

← 36cm →

**线和材料**
・HAMANAKA Jumbonnie
 A 驼色（3）595g（12团）
 B 黄绿色（27）91g（18.2团）
 C 深茶色（21）84g（1.7团）
 D 红色（6）304g（6.1团）
 E 生成色（1）150g（3团）
 F 黄色（11）37g
・直径 0.5cm 的捆绑用绳 63m
・HAMANAKA 定型丝（H204-593）适量
・HAMANAKA 定型丝＜L＞（H430-058）
 154cm
・HAMANAKA 热缩管（H204-605）适量

**针**
大号钩针 8mm、10mm　手缝针

**钩织密度**
8mm 钩针：8 针 ×8 行（10cm×10cm）
10mm 钩针：6.5 针 ×7 行（10cm×10cm）

**钩织方法**
1. 用 A 线环形起针开始钩织，包裹绳子钩织底部（外侧）。用 A~F 线继续钩织侧面（外侧）。※ 第 8~22 行为往返钩织。
2. 用 A 线环形起针开始钩织，包裹绳子钩织底部（内侧）。用 A、C 线继续钩织侧面（内侧）。※ 第 7~23 行为往返钩织。
3. 将侧面（内侧）放入侧面（外侧）中，用 E 线将内侧第 19 行的剩余半针与外侧第 21 行缝合在一起。
4. 用 A 线一边包裹定型丝 ＜L＞ 一边钩织，将开口和上方用短针连接在一起。※ 两片重叠时，同时挑起两片的针脚钩织，只有一片时则钩织方法不变。
5. 用定型丝将内外侧织片撩缝固定。
6. 用 A 线环形起针开始钩织屋顶和屋顶侧面，钩织过程中包入绳子。将屋顶盖在侧面上，卷针缝合。
7. 用 D 线钩织 2 片番茄，正面朝外卷针缝合在一起。

**整合方法**

※侧面、外侧用10mm大号钩针钩织
　侧面、内侧和屋顶用8mm大号钩针钩织

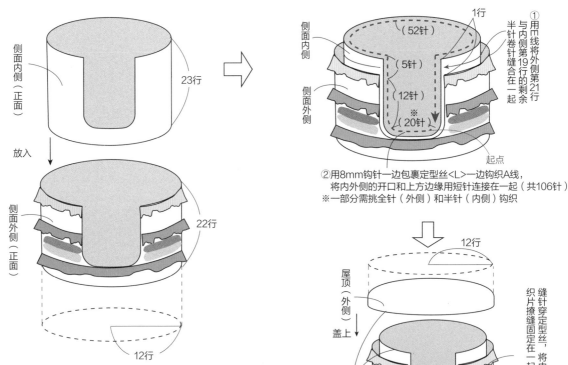

侧面内侧（正面）

23行

放入

侧面外侧（正面）

22行

12行

钩织侧面外侧　※除第⑦、⑯行均包裹绳子钩织
钩织侧面内侧，放入外侧中

侧面内侧
侧面外侧

（52针）
（5针）
（12针）
（20针）
※
起点

①用E线将外侧第21行与内侧第19行的剩余半针卷针缝合在一起

②用8mm钩针一边包裹定型丝＜L＞一边钩织A线，将内外侧的开口和上方边缘用短针连接在一起（共106针）
※一部分需挑全针（外侧）和半针（内侧）钩织

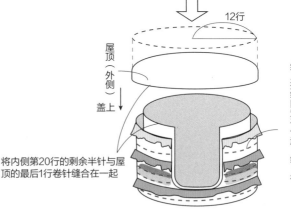

12行

屋顶（外侧）

盖上

将内侧第20行的剩余半针与屋顶的最后1行卷针缝合在一起

缝针穿定型丝，织片撩缝固定在一起，将内外侧的2片 ※缝4行

底部外侧、底部内侧 各1片
屋顶 1片
※杯子蛋糕圆顶猫窝通用

※底部外侧用10mm钩针、
　底部内侧用8mm钩针钩织,
　用线均为A线
※钩织过程中包入绳子

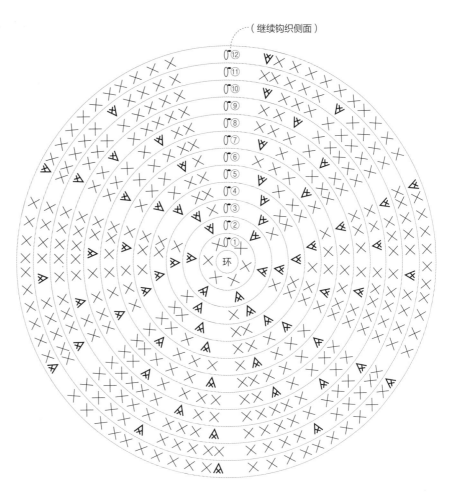

（继续钩织侧面）

| 行数 | 针数 | 加减 | 颜色 |
|---|---|---|---|
| ⑫ | 72针 | +6针 | |
| ⑪ | 66针 | +6针 | |
| ⑩ | 60针 | +6针 | |
| ⑨ | 54针 | +6针 | 底部、屋顶均用A线 |
| ⑧ | 48针 | +6针 | |
| ⑦ | 42针 | +6针 | |
| ⑥ | 36针 | +6针 | |
| ⑤ | 30针 | +6针 | |
| ④ | 24针 | +6针 | |
| ③ | 18针 | +6针 | |
| ② | 12针 | +6针 | |
| ① | 6针 | | |

▷　接线

▶　断线

⬭　锁针

⬬　引拔针

✕　短针

ᗐ　短针1针分2针

Ⅎ　长针

Ⅴ　长针1针分2针

番茄坐垫 2片

※用8mm钩针钩织D线
※2片织片正面朝外卷针缝合

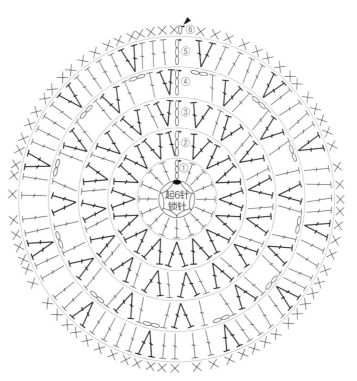

| 行数 | 针数 | 加减 |
|---|---|---|
| ⑥ | 72针 | |
| ⑤ | 72针 | +12针 |
| ④ | 60针 | +12针 |
| ③ | 48针 | +16针 |
| ② | 32针 | +16针 |
| ① | 16针 | |

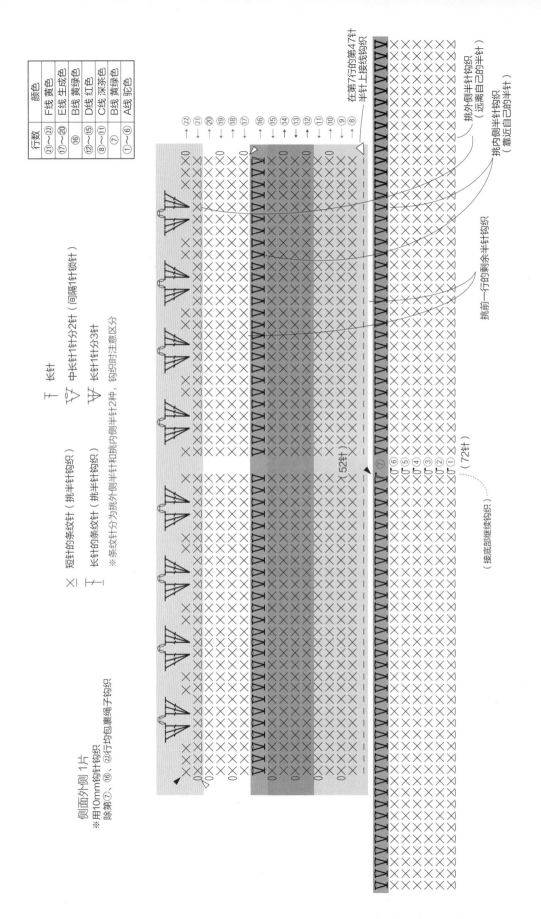

侧面外侧 1片
※用10mm钩针钩织
除第⑦、⑯、㉒行均包裹绳子钩织

| 行数 | 颜色 |
|---|---|
| ㉑~㉒ | F线 黄色 |
| ⑰~⑳ | E线 生成色 |
| ⑯ | B线 黄绿色 |
| ⑫~⑮ | D线 红色 |
| ⑧~⑪ | C线 深茶色 |
| ⑦ | B线 黄绿色 |
| ①~⑥ | A线 驼色 |

$\top$ 长针

$\times$ 短针的条纹针（挑半针钩织）

$\top$ 长针的条纹针（挑半针钩织）

$\overline{\mathbf{V}}$ 中长针1针分2针（间隔1针锁针）

$\mathbf{W}$ 长针1针分3针

※条纹针分为挑外侧半针和挑内侧半针2种，钩织时请注意区分

在第7行的第47针
半针上接线钩织

挑外侧半针钩织
（远离自己的半针）

挑内侧半针钩织
（靠近自己的半针）

挑前一行的剩余半针钩织

（接底部继续钩织）

（72针）

（52针）

屋顶侧面 1片
※用8mm钩针钩织A线
※包裹绳子钩织

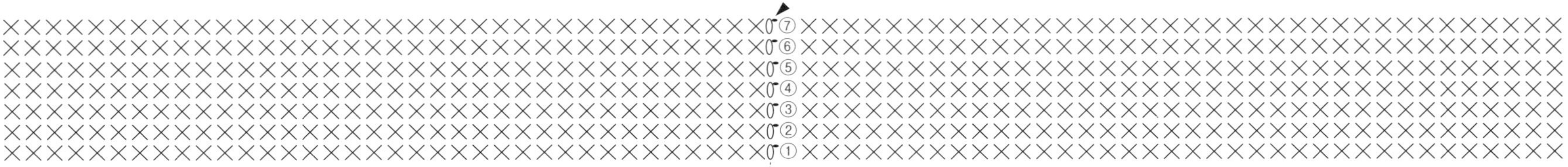

（接屋顶继续钩织）

侧面内侧 1片
※用8mm钩针钩织
包裹绳子钩织

剩余半针与屋顶
卷针缝合

⑳ ㉑ ㉒ ㉓

剩余半针与外侧
卷针缝合

⑮ ⑯ ⑰ ⑱ ⑲

⑦ ⑧ ⑨ ⑩ ⑪ ⑫ ⑬ ⑭

在第6行的
第47针半针上
接线钩织

挑内侧半针钩织
（靠近自己的半针）

挑前一行的剩余半针钩织

挑内侧半针钩织
（靠近自己的半针）

挑外侧半针钩织
（远离自己的半针）

（52针）

（72针）

（接底部继续钩织）

⑦ ⑥ ⑤ ④ ③ ② ①

⑦ ⑥ ⑤ ④ ③ ② ①

| 行数 | 颜色 |
|---|---|
| ⑮～㉓ | E线生成色 |
| ⑪～⑭ | D线红色 |
| ⑦～⑩ | C线深茶色 |
| ①～⑥ | A线驼色 |

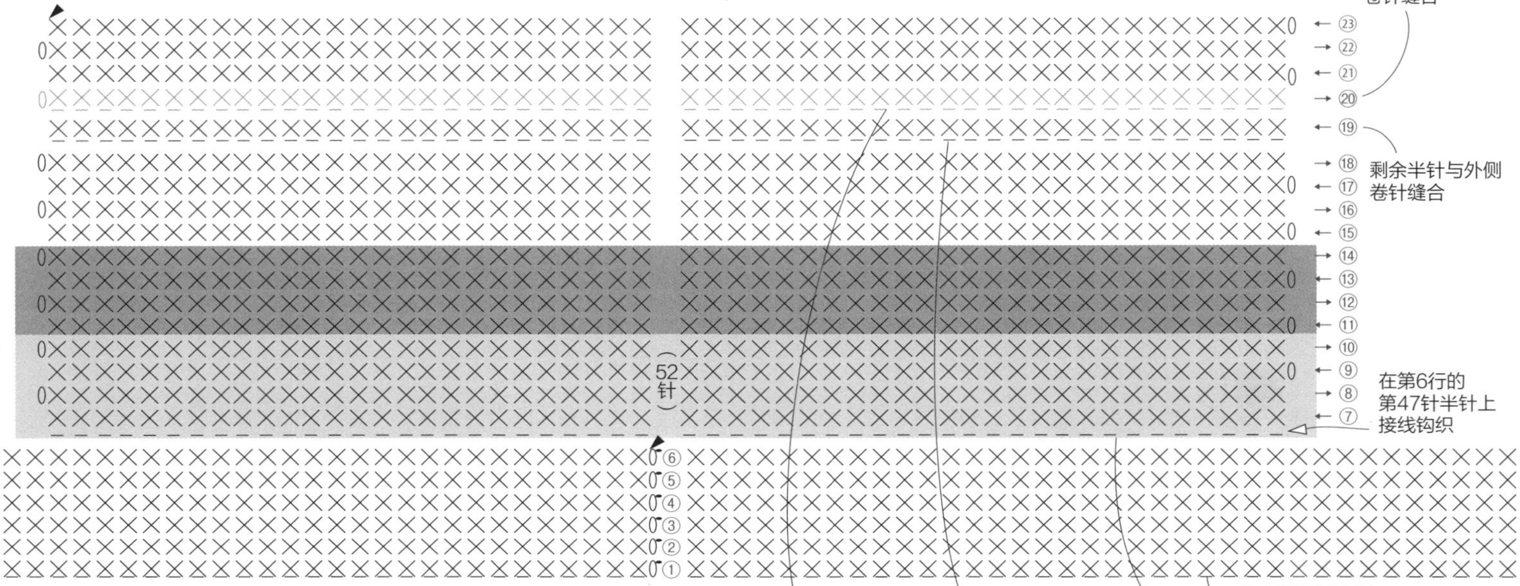

85

## P41  杯子蛋糕圆顶猫窝 ∕ Cupcake Dome

40cm

**线和材料**
· HAMANAKA Jumbonnie
　A 驼色（3）396g（8团）
　B 黄绿色（27）11g
　C 深茶色（21）228g（4.6团）
　D 红色（6）19g
　E 白色（31）52g（1.1团）
　F 粉色（33）364g（7.3团）
　G 深粉色（8）260g（5.2团）
· 直径0.5cm的捆绑用绳79m
· HAMANAKA 定型丝（H204-593）
　适量
· HAMANAKA 定型丝＜L＞
　（H430-058）190cm
· HAMANAKA 热缩管（H204-605）
　适量
· 填充棉（HAMANAKA clean
　watawata H405-001）适量

**针**
大号钩针 8mm、10mm　手缝针

**钩织密度**
8mm 钩针：8 针 ×8 行（10cm×10cm）
10mm 钩针：7 针 ×7 行（10cm×10cm）

**钩织方法**
1. 用 A 线环形起针开始钩织，包裹绳子钩织底部（外侧）。用A、E、F线继续钩织侧面（外侧）。※第 8~19 行为往返钩织。
2. 用 A 线环形起针开始钩织，包裹绳子钩织底部（内侧）。用A、F线继续钩织侧面（内侧）。※第 7~22 行为往返钩织。
3. 将侧面（内侧）放入侧面（外侧）中，用F线将内侧第 19 行的剩余半针与外侧第 19 行的全针卷针缝合在一起。
4. 用 F 线一边包裹定型丝＜L＞一边钩织，将开口和上方用短针连接在一起。※两片重叠时，同时挑起两片的针脚脚钩织，只有一片时则钩织方法不变。
5. 用定型丝将内外侧片撩缝固定。
6. 用 D 线环形起针开始钩织，D、B 线钩织草莓，接着钩织屋顶和屋顶侧面。将屋顶盖在侧面上，卷针缝合。
7. 用 G 线环形起针钩织草莓坐垫的正面、背面。正面朝外卷针缝合在一起。

▷ 接线　　　✕ 短针
▶ 断线　　　✕/ 短针1针分2针
◯ 锁针　　　┳ 长针
● 引拔针

**整合方法**

※侧面外侧用大号钩针10mm钩织
　侧面内侧和屋顶用大号钩针8mm钩织

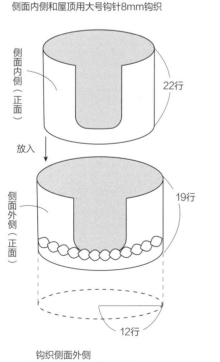

侧面内侧（正面）　22行

放入↓

侧面外侧（正面）　19行

12行

钩织侧面外侧
※除第7行均包裹绳子钩织
钩织侧面内侧，放入外侧中

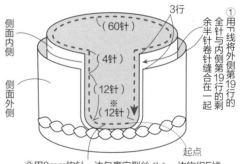

侧面内侧
侧面外侧

（60针）　3行
（4针）
（12针）※
（12针）

①用F线将外侧第19行的全针与内侧第19行的剩余半针卷针缝合在一起

起点

②用8mm钩针一边包裹定型丝＜L＞一边钩织F线，将内外侧的开口和上方边缘用短针连接在一起（共104针）
※一部分需挑全针（外侧）和半针（内侧）钩织

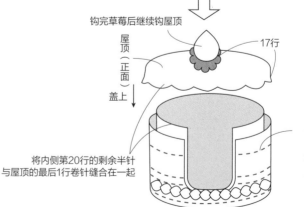

钩完草莓后继续钩屋顶

屋顶（正面）　17行
盖上↓

缝针穿定型丝，将内外侧的2片织片撩缝固定在一起※缝4行

将内侧第20行的剩余半针与屋顶的最后1行卷针缝合在一起

侧面外侧 1片
※用10mm钩针钩织
※除第7行均包裹绳子钩织

| 行数 | 颜色 | |
|---|---|---|
| ⑨～⑲ | F线 | 粉色 |
| ⑦ | E线 | 白色 |
| ①～⑥ | A线 | 驼色 |

✕ 短针的条纹针（挑半针钩织）　○ 中长针2针的枣形针
※条纹针分为挑外侧半针和挑内侧半针2种，钩织时的注意区分

在第6行的第43针半针上接线钩织

挑前一行的剩余半针钩织

挑内侧半针钩织（靠近自己的半针）
※不包绳

⑲ ⑱ ⑰　⑩ ⑨ ⑧

⑦ ⑥ ⑤ ④ ③ ② ①

省略（不加不减）
（60针）

（接底部继续钩织）
※底部的编织图参照P83

侧面内侧 1片
※用8mm钩针钩织　※包裹绳子钩织

| 行数 | 颜色 | |
|---|---|---|
| ⑦～㉒ | F线 | 粉色 |
| ①～⑥ | A线 | 驼色 |

在第6行的第43针上接线钩织

㉒ ㉑ ⑳ ⑲ ⑱　⑨ ⑧ ⑦

挑内侧半针钩织（靠近自己的半针）
挑内侧半针与外侧卷针缝合
※剩余的半针与屋顶卷针缝合

挑外侧半针钩织（远离自己的半针）
挑内侧半针钩织（靠近自己的半针）

挑内侧半针钩织
靠近自己的半针

⑥ ⑤ ④ ③ ② ①

省略（不加不减）
（60针）

（接底部继续钩织）
※底部的编织图参照P83

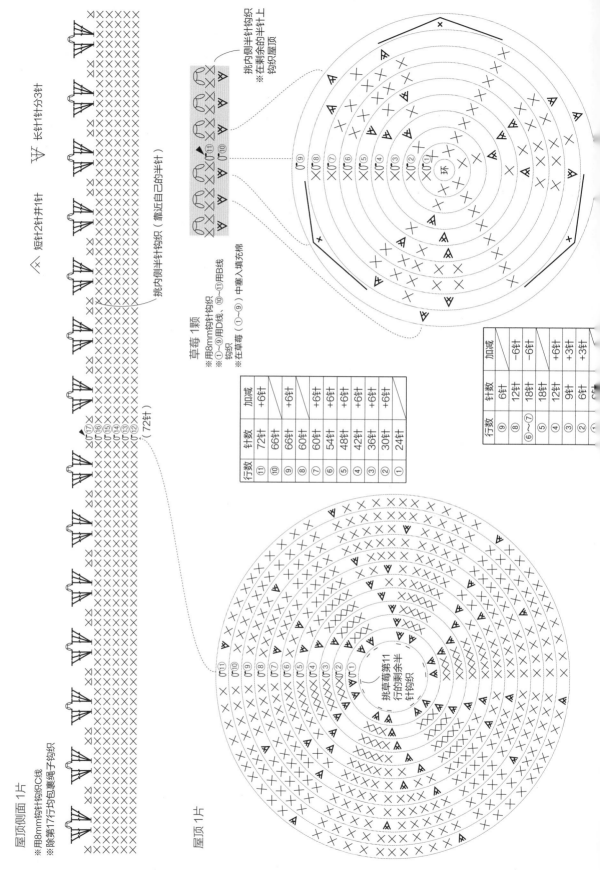

长针11针分3针

短针2针并1针

长针1针分3针

挑内侧半针钩织
※在剩余的半针上钩织屋顶

挑内侧半针钩织（靠近自己的半针）

屋顶侧面 1片
※用8mm钩针钩织C线
※除第17行均包裹绳子钩织

草莓 1颗
※用8mm钩针钩织
※①~⑨用D线、⑩~⑪用B线钩织
※在草莓（①~⑨）中塞入填充棉

（72针）

屋顶 1片

挑草莓第11行的剩余半针钩织

| 行数 | 针数 | 加减 |
|---|---|---|
| ⑪ | 72针 | +6针 |
| ⑩ | 66针 | |
| ⑨ | 66针 | +6针 |
| ⑧ | 60针 | |
| ⑦ | 60针 | +6针 |
| ⑥ | 54针 | +6针 |
| ⑤ | 48针 | +6针 |
| ④ | 42针 | +6针 |
| ③ | 36针 | +6针 |
| ② | 30针 | +6针 |
| ① | 24针 | |

| 行数 | 针数 | 加减 |
|---|---|---|
| ⑨ | 6针 | -6针 |
| ⑧ | 12针 | -6针 |
| ⑥~⑦ | 18针 | |
| ⑤ | 18针 | +6针 |
| ④ | 12针 | +6针 |
| ③ | 9针 | +3针 |
| ② | 6针 | +3针 |

草莓坐垫
正面 1片

※用8mm钩针钩织G线
※将上下2个织片正面朝外卷针缝合

 长针6针的爆米花
（整束挑起钩织）

 中长针3针的枣形针
（整束挑起钩织）

| 行数 | 针数 | 加减 |
|---|---|---|
| ⑦ | 48针 | |
| ⑥ | 48针 | −48针 |
| ⑤ | 96针 | |
| ④ | 96针 | +48针 |
| ③ | 48针 | |
| ② | 48针 | +36针 |
| ① | 12针 | |

草莓坐垫
背面 1片

※用8mm钩针钩织G线

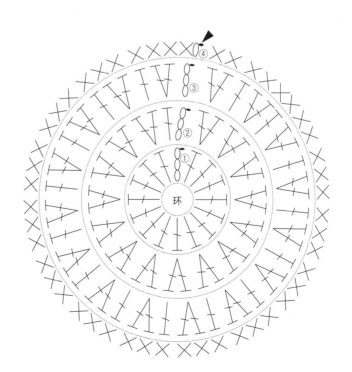

| 行数 | 针数 | 加减 |
|---|---|---|
| ④ | 48针 | |
| ③ | 48针 | +16针 |
| ② | 32针 | +16针 |
| ① | 16针 | |

# 钩针编织基础

## 持针和带线的方法

（右手）

用拇指和食指握住钩针。

（左手）

小指和无名指夹住线，并挂线于食指上。

用拇指和中指捏住线头，活动食指将线绷紧。

## 锁针的识别方法

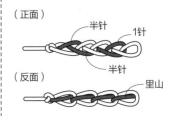

（正面）

半针　1针　半针

（反面）

里山

## 锁针起针法

  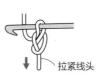   

①在钩针上挂线。

②再次在钩针上挂线并钩出。

左手压住线圈

③最初的针完成。
※此针不算作1针

拉紧线头

④针上挂线。

⑤将线钩出，1针锁针完成。

钩织到所需针数

第1针

## 环形起针法

①在左手的食指上轻轻绕线2圈。

线头

②针上挂线，钩出。

线头

③再一次挂线引拔出
※此针不算作1针。

④钩1针锁针作为起立针。

 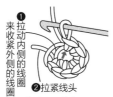 

⑤在这2个线圈上钩织到所需要的针数。

❶拉动内侧的线圈来收紧外侧的线圈
❷拉紧线头

⑥将圆环拉紧。

⑦将第1针顶部的2根线挑起，钩引拔针，第1行完成。

## 锁针环形起针法

①锁针起针，挑起第1针的半针和里山，入针将线引拔钩出。

②锁针环形起针完成，针上挂线，钩1针锁针作为起立针。

③在环中入针钩织到所需要的针数。
※钩织同时包入线头

④将第1针顶部的2根线挑起，钩引拔针，第1行完成。

---

每一行开始的时候，根据针脚的高度来钩织相应数量的锁针。（也有不钩起立针的情况）
这种针称作起立针，根据种类不同，锁针的数量也会有所变化。

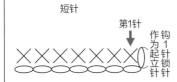

短针

第1针

作为1针起立针锁针

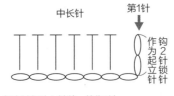

中长针

第1针

作为2针起立针锁针

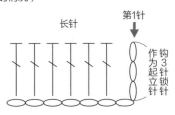

长针

第1针

作为3针起立针锁针

※短针的起立针不算作1针。除此之外，起立针都计入针数，算作1针。

■基础钩织方法 & 符号

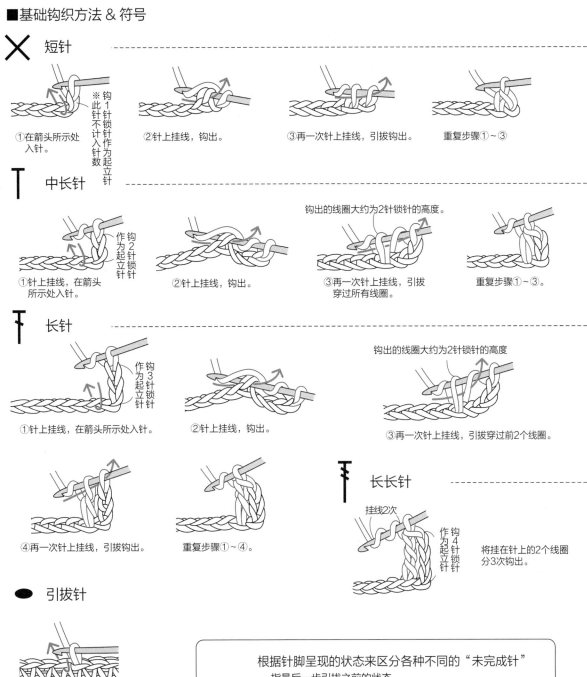

✕ 短针

①在箭头所示处入针。

※钩1针锁针作为起立针此针不计入针数

②针上挂线，钩出。

③再一次针上挂线，引拔钩出。

重复步骤①~③

╤ 中长针

①针上挂线，在箭头所示处入针。

作为2针起立锁针

②针上挂线，钩出。

钩出的线圈大约为2针锁针的高度。

③再一次针上挂线，引拔穿过所有线圈。

重复步骤①~③。

╤ 长针

①针上挂线，在箭头所示处入针。

作为3针起立锁针

②针上挂线，钩出。

钩出的线圈大约为2针锁针的高度

③再一次针上挂线，引拔穿过前2个线圈。

④再一次针上挂线，引拔钩出。

重复步骤①~④。

╪ 长长针

挂线2次

作为4针起立锁针

将挂在针上的2个线圈分3次钩出。

● 引拔针

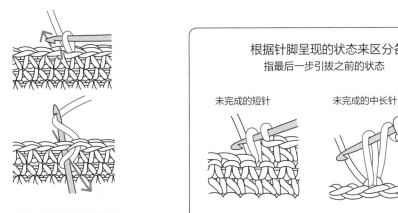

入针，挂线直接引拔钩出。

根据针脚呈现的状态来区分各种不同的"未完成针"
指最后一步引拔之前的状态

未完成的短针　　　　未完成的中长针　　　　未完成的长针

91

## ■加针

### 短针1针分2针

（短针1针分3针）也使用同样的要领钩织

①钩1针短针，在相同位置入针。

②在同一针内钩2针短针后的样子。

### 注意"挑整束钩织"时的入针位置

根部相连时
（分割挑针）

在前一行的1针里入针钩织。

根部分离时
（束状挑针）

将前一行的锁针整束挑起钩织。

### 中长针1针分2针

加2针以上的针数时也使用同样的要领钩织

①钩1针中长针

②在同一针内再钩1针中长针

### 长针1针分2针

加2针以上的针数时也使用同样的要领钩织

①钩1针长针，针上挂线，在同一针内入针。

②挂线钩出，钩1针长针。

## ■减针

### 短针2针并1针

减2针以上的针数时也使用同样的要领钩织

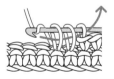

针上挂针钩出（未完成的短针），
在下针内也挂线钩出（未完成的短针），
针上挂线，一次性引拔穿过所有线圈。

### 中长针2针并1针

减2针以上的针数时也使用同样的要领钩织

①针上挂线，钩"未完成的中长针"。

②再钩1针"未完成的中长针"，过程中注意不要使第1针的线圈缩短。

③第1针和第2针保持一样的高度，针上挂线，一次性引拔穿过所有线圈。

长针2针并1针　减2针以上的针数时也使用同样的要领钩织

①针上挂线，入针后钩出。

②针上挂线，钩"未完成的长针"。

③针上挂线，和①一样入针钩出线圈。

④钩"未完成的长针"，2针保持一样的高度。

⑤针上挂线，一次性引拔穿过所有线圈。

■其他钩织方法

 短针的条纹针

①挑起外侧半针。

②针上挂线钩出。

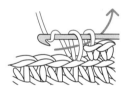

③再次针上挂线，引拔钩出。

長针的条纹针

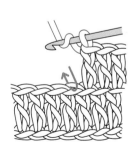

①针上挂线，挑起前一行针脚的外侧半针。

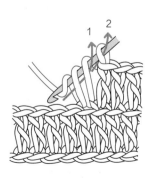

②针上挂线钩长针。

※每一行都挑起前一行针脚的半针钩织，正面留下的半针呈现条纹状。

## 换线的方法

正面（织片的左边）换线时

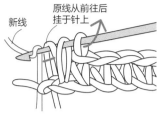

新线

原线从前往后挂于针上

在前一行最后的引拔步骤时将新线引拔出

反面（织片的右边）换线时

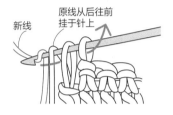

新线

原线从后往前挂于针上

在前一行最后的引拔步骤时将新线引拔出

圈织时

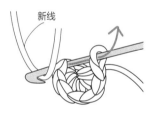

新线

在需要换线的前一针最后的引拔步骤时将新线引拔出

长针的交叉针

①在后一针位置钩长针。

②针上挂线，在前一针处入针。

③针上挂线钩出，钩长针。

④按照这个规律，前后交叉织长针。

 中长针2针的枣形针

①钩1针"未完成的中长针"（第1针）。

②在同一针内再钩1针"未完成的中长针"（第2针）。

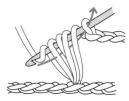 

③针上挂线，左手按住线圈底部，一次性引拔穿过所有线圈。

④枣形部分与顶部锁针线部分稍显分离。

长针3针的枣形针

 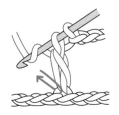

①钩1针"未完成的长针"（第1针）。

②在同一针内再钩1针"未完成的长针"（第2针）

③按照相同的方法，钩第3针。

④针上挂线，一次性引拔穿过所有线圈。

换线的方法（每行都需换线时）

在一行的最后引拔步骤时，针上挂下一行要用的线，引拔钩出，换线完成。

 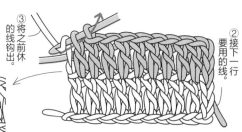

①一行钩织结束时，将线球钩从线圈中穿出休止线。

③将之前休止的线钩出。

②接下来一行要用的线。

长针5针的爆米花针

①在同一针内钩5针长针。

②钩针从★处取出，在第1针长针处入针（左），再次在★处入针并将线引拔钩出（右）。

③钩1针锁针，完成。

---

卷针缝合的方法（全针缝合）　　　　　　　　　　　　　　　　　　　　　　　（半针缝合）

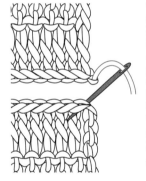

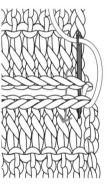

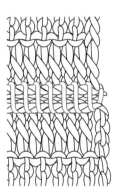

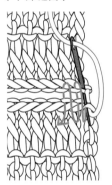

①织片正面朝上并对齐，用缝针穿过边缘针缝合。

②依次穿过对应的全针。

依次穿过对应的外侧半针

---

## 钩织方向

◇环状钩织
从中心开始，朝同一方向向外环状钩织，通常针脚都呈现正面的样子。

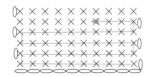

◇片状钩织
每行钩织到最后都翻转织片，如箭头所示往返钩织。针脚呈现正反交替的样子。

**作品设计**

市川美雪
越膳夕香
藤田智子
金子美也子（Miya）
Ronique

**P32 材料提供**

Sun · Olive 株式会社
邮编：103-0002 东京都中央区日本桥马喰町 2-2-16

**P14~17 商品提供**

aim-create 有限公司
邮编：343-0808
埼玉县越谷市赤山本町 2-14 TR 大楼 3F

**摄影协助**

Cokkun 别墅　wacca 池袋店
邮编：170-0013
东京都丰岛区东池袋 1-8-1　wacca 池袋 2 楼

原文书名：手編みのかわいい猫ハウス
原作者名：株式会社エクスナレッジ
TEAMI NO KAWAII NEKO HOUSE © X-Knowledge Co., Ltd. 2018
Originally published in Japan in 2018 by X-Knowledge Co., Ltd. Chinese (in simplified character only) translation rights arranged with X-Knowledge Co., Ltd. TOKYO, through g-Agency Co., Ltd, TOKYO.

著作权合同登记号：图字：01-2021-1931

**图书在版编目（CIP）数据**

猫物集. 钩编温暖的家 / 日本株式会社无限知识编著；叶宇丰译. -- 北京：中国纺织出版社有限公司，2021.10

（尚锦手工萌宠手作系列）

ISBN 978-7-5180-8789-1

Ⅰ . ①猫… Ⅱ . ①日… ②叶… Ⅲ . ①手工编织—图集 Ⅳ . ① TS935.5-64

中国版本图书馆 CIP 数据核字（2021）第 164837 号

责任编辑：刘 茸　　责任校对：楼旭红　　责任印制：王艳丽

中国纺织出版社有限公司出版发行
地址：北京市朝阳区百子湾东里 A407 号楼　邮政编码：100124
销售电话：010—67004422　传真：010—87155801
http://www.c-textilep.com
中国纺织出版社天猫旗舰店
官方微博 http://weibo.com/2119887771
北京华联印刷有限公司印刷　各地新华书店经销
2021 年 10 月第 1 版第 1 次印刷
开本：787×1092　1/16　印张：6
字数：173 千字　定价：59.80 元